PORTS

DU CROTOY, DE SAINT-VALERY,

D'ABBEVILLE ET DU HOURDEL.

MINISTÈRE DES TRAVAUX PUBLICS.

PORTS MARITIMES DE LA FRANCE.

NOTICES SUR LES PORTS DU CROTOY, DE SAINT-VALERY, D'ABBEVILLE ET DU HOURDEL,

PAR M. GEOFFROY,
INGÉNIEUR DES PONTS ET CHAUSSÉES.

PARIS.
IMPRIMERIE NATIONALE.

M DCCC LXXIV.

PORT DU CROTOY.

CHAPITRE PREMIER.

RENSEIGNEMENTS GÉOGRAPHIQUES ET HYDROGRAPHIQUES.

Le port du Crotoy est situé par 0° 42′ 41″ de longitude Ouest et par 50° 12′ 55″ de latitude Nord. Il appartient au département de la Somme et à l'arrondissement d'Abbeville. C'est un des centres les plus importants du canton de Rue; il se trouve à une distance de 25 kilomètres du chef-lieu d'arrondissement et à 70 kilomètres du chef-lieu du département.

Le léger promontoire sur lequel le Crotoy est établi domine d'environ 8 mètres le niveau moyen de la mer. Le climat, pluvieux et tempéré, est sujet à de nombreuses variations.

Les produits du pays consistent en céréales de toutes sortes.

La localité n'a pour industrie que la grande et la petite pêche, la pêche des moules et du ver marin. Son commerce consiste dans l'importation de quelques centaines de tonneaux de houille et de bois du Nord.

Le fond du port du Crotoy est assez régulier; il se trouve à l'ordonnée 9 mètres du nivellement général de la France. Le sol est composé de cailloux et de vase mélangés à peu près à parties égales; il est presque toujours recouvert d'une légère couche de vase, que l'on enlève chaque année.

Le chenal qui le joint au chenal de Saint-Valery a une longueur de 2,500 mètres; la distance du point de jonction des deux chenaux, à la laisse des plus basses mers, est de 7,500 mètres, et la distance totale qui sépare le Crotoy de cette dernière ligne est de 10,000 mètres.

Ce chenal, entre la sortie du port et la jonction du chenal de Saint-Valery, est balisé comme celui-ci avec des perches en bois du pays, surmontées de voyants rouges ou noirs, suivant le côté du chenal qu'elles indiquent.

Le fond du chenal est de sable pur, très-fin, généralement assez régulier et sur lequel l'échouage n'est pas à craindre, en tant qu'un trop long séjour des bâtiments n'y occasionne pas d'affouillements.

Le feu qui signale l'entrée du port est un feu de marée situé sur la pointe la plus saillante des anciens murs de la ville, lequel indique, avec le feu de marée du Hourdel, l'entrée de la baie de Somme proprement dite.

Les navires qui approchent de la côte en plein jour cherchent, s'ils viennent du Nord, à reconnaître les hautes terres de Boulogne; ils aperçoivent ensuite les phares de la Canche, l'hospice de Berck, le phare de Cayeux et le coteau de Saint-Valery. S'ils viennent du Sud, ils reconnaissent d'abord les falaises de Normandie, puis le phare de Cayeux et enfin le coteau de Saint-Valery, avant d'entrer dans la baie. S'ils arrivent de nuit par le Nord, ils cherchent les phares de la Canche, le feu de Berck et enfin le phare de Cayeux. Quand ils viennent du Sud, ils se guident sur le phare de l'Ailly, puis sur celui de Cayeux.

Les vents régnants au Crotoy sont les vents de la région de l'Ouest et du Sud-Ouest. Les premiers soufflent, en moyenne, 78 jours par an, et les seconds 62 jours.

Le tableau de la page suivante donne, du reste, la fréquence relative des vents soufflant des huit directions principales de la boussole pendant chaque saison de l'année. Les chiffres qu'il contient sont des moyennes des observations faites journellement au Crotoy et inscrites sur le registre des observations météorologiques du chantier de Saint-Valery.

Les vents les plus dangereux pour la navigation sont les vents d'Ouest; ceux qui soufflent de l'Est sont contraires pour entrer dans le port du Crotoy; ceux de l'Ouest sont des vents debout pour sortir.

DIRECTION DES VENTS.	PRINTEMPS.	ÉTÉ.	AUTOMNE.	HIVER.	TOTAUX.
Nord	8	6	6	9	29
Nord-Est	8	10	9	9	36
Est	6	9	12	12	39
Sud-Est	10	6	12	11	39
Sud	9	6	9	12	36
Sud-Ouest	12	18	18	14	62
Ouest	23	26	14	15	78
Nord-Ouest	15	11	11	9	46
TOTAUX	91	92	91	91	365

Les courants de flot se dirigent à l'Est dans le chenal de Crotoy, tant en vive eau qu'en morte eau; les courants de jusant se dirigent à l'O. $\frac{1}{4}$ N. O. Les premiers parcourent 1^{m},27 par seconde en vive eau, et 0^{m},62 en morte eau.

La vitesse des courants de jusant est de 1^{m},30 en vive eau et 0^{m},65 en morte eau. L'étale des courants se fait environ une demi-heure avant la mi-marée.

Le retard des marées au Crotoy sur celles de Dieppe est de 35 minutes.

La durée du flux en vive eau est, en moyenne, de 2 heures 35 minutes, et, en morte eau, de 2 heures 55 minutes.

La durée du jusant en vive eau est de 6 heures et, en morte eau, de 5 heures 30 minutes. L'étale, soit en vive eau, soit en morte eau, est d'environ 15 minutes.

Les deux courbes de la page suivante indiquent le mouvement ascensionnel des marées dans le port du Crotoy, tant en vive eau qu'en morte eau.

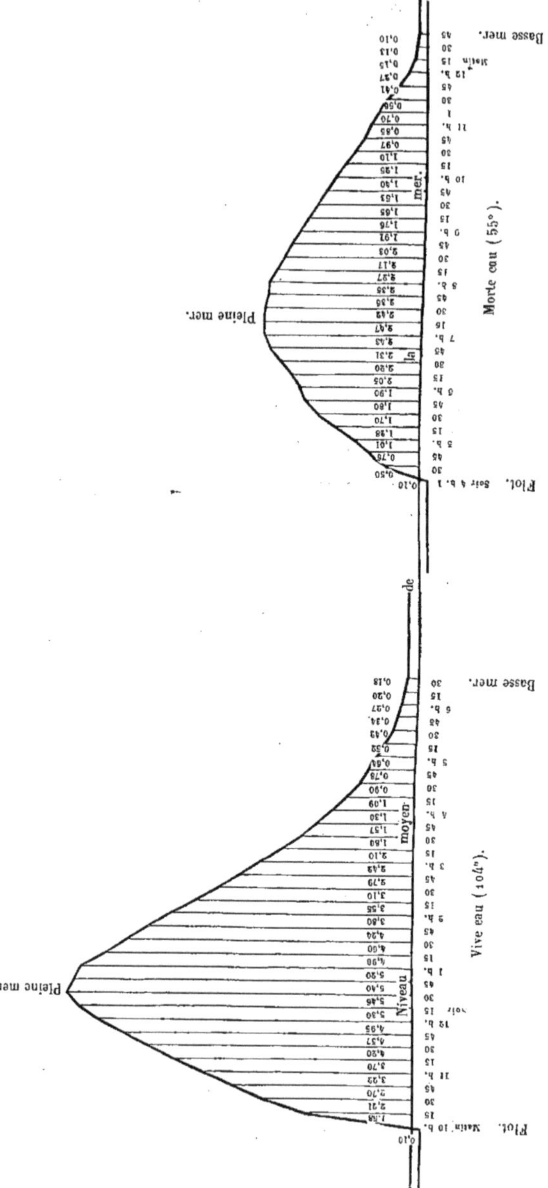

Le *niveau moyen* figuré sur ce diagramme et sur les suivants est le *niveau moyen de la mer à Marseille*, qui sert de zéro au nivellement général de la France.

Le tableau suivant donne les ordonnées des hautes et des basses mers par rapport à quatre plans de comparaison différents.

DÉSIGNATION.	NIVELLEMENT GÉNÉRAL de la France.	NIVELLEMENT GÉNÉRAL de la baie de Somme.	PLAN de COMPARAISON correspondant au niveau moyen des basses mers de vive eau.	PLAN DE COMPARAISON des cartes hydrographiques de l'Annuaire de Chazallon.
Niveau maximum des hautes mers de vive eau ordinaires	6,70	16,70	10,70	11,40
Niveau moyen des hautes mers de vive eau ordinaires	5,55	15,55	9,55	10,25
Niveau minimum des hautes mers de vive eau ordinaires	4,90	14,90	8,90	9,60
Niveau maximum des hautes mers de morte eau	3,80	13,80	7,80	8,50
Niveau moyen des hautes mers de morte eau	3,00	13,00	7,00	7,70
Niveau minimum des hautes mers de morte eau	2,10	12,10	6,10	6,80
Niveau des basses eaux ordinaires	0,30	9,70	3,70	4,40

Le fond du port s'envaserait assez rapidement, surtout dans la partie au Nord de l'écluse, qui n'est pas balayée par les chasses, si l'on n'en opérait le dévasement.

Les alluvions s'accroissent aussi un peu dans le bassin de retenue pour les chasses. On peut considérer l'exhaussement du fond comme étant de $0^m,02$ en moyenne par an.

CHAPITRE II.

HISTORIQUE.

L'endroit où est bâti le Crotoy fut jadis un îlot, que des dépôts d'alluvions relièrent plus tard à la terre ferme. Les débris de diverses natures qui y ont été trouvés établissent qu'il a dû être habité avant l'arrivée des Romains.

L'existence d'un port au Crotoy remonte très-loin; mais on ne peut rien préciser à cet égard.

Les premières fortifications du Crotoy datent de 1150. Depuis elles furent successivement agrandies, notamment par les Anglais, qui ne négligèrent rien pour rendre imprenable une place extrêmement utile dans leurs guerres avec les rois de France.

L'histoire ne dit rien de bien saillant de cette petite ville. Attaquée tour à tour par les Anglais, les Français et les Bourguignons, elle eut, comme Saint-Valery, bien des revers à essuyer.

C'est au XIIe siècle qu'elle fut érigée en commune. Au XIIIe, le port était très-commerçant et recevait des navires de tous les pays connus.

Jeanne d'Arc, prisonnière des Anglais, fut enfermée au château du Crotoy avant d'être envoyée à Rouen. Son nom est resté à une tour, sur les ruines de laquelle est installé le feu de marée du port.

Sous François Ier, le Crotoy, qui, depuis la mort de Charles le Téméraire, jouissait d'un peu plus de tranquillité, avait pris une certaine importance. Son port était très-fréquenté, et tous les navires remontant sur Abbeville y faisaient escale.

La Somme changeant souvent de place dans toute l'étendue de la baie, le port fut plus ou moins praticable suivant les époques. Toutefois, le chenal de la rivière avait une tendance à se rapprocher du Crotoy, en quittant la rive gauche à Saint-Valery ou un peu plus à l'amont, pour retourner à la pointe du Hourdel et longer la côte jusqu'à Cayeux, après avoir décrit une courbe régulière. Cette tendance, jointe à cette circonstance heureuse que le flot et les vents régnants portent les navires vers le Crotoy, explique l'importance que ce port a longtemps conservée.

En 1635, M. d'Inferville, commissaire général de la marine, chargé de rechercher sur les côtes de Picardie l'emplacement convenable pour la création d'un *port de Roi*, disait, en parlant du Crotoy, que l'abord en était plus commode que celui de Saint-Valery. « Il y avait plus de fond sous le château du Crotoy qu'à la rive de la Ferté, » écrit plus tard, en 1738, le chevalier de Clerville. Tandis qu'à Saint-Valery il ne pouvait entrer que des navires de 100 tonneaux, il en venait au Crotoy de 2 à 300 tonneaux. (Collection Colbert, *Ports de Picardie.*)

En 1777, lors des propositions faites par la chambre de commerce de Picardie en faveur du port de Saint-Valery, les officiers municipaux d'Abbeville défendaient les intérêts du Crotoy et constataient qu'il était abrité contre les vents de tempête (Ouest-Nord-Ouest), et qu'on pouvait y créer un port commode et sûr, presque sans travail.

Jusqu'à l'époque de l'achèvement du canal maritime d'Abbeville à Saint-Valery, le Crotoy conserva tous ses avantages. Il recevait environ 500 navires par an, dont plusieurs tirant de 5 à 6 mètres d'eau. (Statistique des ports en 1839.)

Mais à partir de l'époque où toutes les eaux de la Somme, jetées sous Saint-Valery, creusèrent un chenal le long de la rive gauche, le Crotoy commença à s'ensabler et perdit son importance. Son chenal ne fut plus entretenu que par le peu d'eau de la haute baie et par les eaux douces du *canal de la Maye;* entrepris, en 1783, par le comte d'Artois, pour amener les bois de la forêt de Crécy et pour dessécher une partie du Marquenterre, ce canal ne fut pas complétement exécuté.

Cette situation précaire s'aggrava davantage au fur et à mesure de l'ensablement de la haute baie. Aussi chercha-t-on, à différentes reprises, à l'améliorer. Entre autres projets, il faut citer celui de dériver l'Authie pour l'amener dans le chenal du Crotoy; l'idée première en est attribuée à Vauban. Mais ce projet, présenté à diverses époques, a été constamment repoussé jusqu'à ce jour, à cause de la perturbation considérable que son exécution jetterait dans le système de desséchement du Manquenterre et des terrains bas situés en arrière des dunes du Pas-de-Calais.

En 1862, pour préserver le port du Crotoy d'une perte presque certaine, on construisit le bassin de chasse dont il sera question dans le chapitre suivant.

La population actuelle du Crotoy est de 1,567 habitants.

CHAPITRE III.

DESCRIPTION DU PORT.

Le port du Crotoy est situé sur la rive droite de la baie de Somme, au S. E. du promontoire sur lequel est bâtie la ville.

La côte qui fait suite à ce promontoire vers le Nord est peu élevée; elle est formée de dunes de sable et de terrains livrés au pâturage.

Le port est abrité par ce plateau et par les constructions qui le surmontent; mais le pays lui-même est exposé aux vents de tempête.

Le port du Crotoy servait autrefois de lieu de refuge, quand le chenal de Saint-Valery passait à peu de distance de là; aujourd'hui, les navires se rendent directement à Saint-Valery, ou relâchent au Hourdel.

Le port consiste en une plage de 80 mètres de longueur, où les navires échouent à mer basse. Trois embarcadères en charpente, reliés en 1870 par une estacade, facilitent les opérations de chargement et de déchargement.

Le plancher de ces ouvrages est à peine au-dessus du niveau des plus hautes mers de vive eau.

La plate-forme du port est soutenue par un quai en charpente de $1^{m},20$ de hauteur et de 127 mètres de longueur, qui va rejoindre les murs de soutenement de la ville.

Quelques lignes de clayonnages établies au-dessous de ce quai arrêtent le gravier roulé par le flot le long de la côte et préviennent l'érosion.

Le chenal qui fait suite au port était autrefois entretenu par les eaux de jusant du fond de la baie; mais depuis que ces eaux ont pris leur cours sur la rive gauche, l'ensablement s'est accru avec une désolante rapidité. Pour le combattre, on s'est décidé à établir en amont un bassin de chasse. Ce bassin a une superficie de 65 hectares; le fond est, en moyenne, à l'ordonnée 12 mètres du nivellement général de la France. L'écluse présente deux pertuis de chasse, d'une largeur de 6 mètres chacun. L'orifice des vannes est de 28$^{m.c}$,05.

L'écluse fonctionne depuis plus de sept ans. Aujourd'hui les eaux de mer basse ont baissé de près de 1^{m},20 à la sortie du port, et la pente est beaucoup plus régulière dans le chenal qu'autrefois.

D'un autre côté, les bancs de sable de la partie inférieure de la baie ont baissé, notamment sur la rive droite, en aval du Crotoy.

Il n'y a dans le port aucune grue pour la manutention des marchandises.

Le Crotoy ne possède qu'un chantier de construction pour les bateaux de pêche; il n'y a point de gril de radoub.

Le fond du port est entretenu d'abord par les eaux du canal de la Maye, qui s'écoulent librement par une écluse dont les vannes sont automobiles et dont le débit varie entre 1 et 3 mètres cubes par seconde; ensuite par les chasses, qui se font à chaque marée au moyen des eaux emmagasinées dans le bassin de retenue, et dont la durée est, en général, de six heures. La hauteur de chute est quelquefois supérieure à 5 mètres.

La partie supérieure du port, qui est en dehors de l'action des grandes chasses, s'emplit assez rapidement de vase; on l'enlève à la main chaque année, et on la transporte au large au moyen de radeaux.

Ce travail dure environ vingt jours.

Le premier ouvrage d'art de quelque importance qui ait été fait au Crotoy est la construction des trois embarcadères destinés à améliorer le stationnement des navires et à faciliter le mouvement des marchandises.

Une décision ministérielle en date du 19 juillet 1838 autorisa l'exécution de ce travail, et l'on mit immédiatement la main à l'œuvre. Les trois embarcadères ont été terminés la même année. La dépense s'est élevée à la somme de 18,000 francs.

Ces ouvrages rendent de véritables services à la navigation en permettant l'accostage des navires et des bateaux de pêche, en même temps qu'ils mettent l'estacade en communication avec la plate-forme.

La construction d'un bassin de chasse au Crotoy a été autorisée par décret impérial du 17 avril 1861, et le projet, approuvé par décision ministérielle du 6 mars 1862.

Les travaux ont été commencés la même année et n'ont été terminés qu'en 1865. La dépense totale monte à la somme de 729,115 fr. 13 cent.

Ce travail a produit de bons résultats : le chenal s'entretient parfaitement, et suit presque toujours la même direction.

Le travail qu'on exécuta ensuite dans l'intérêt du port est la construction d'une estacade de 18 mètres de longueur, élevée au-dessus des plus hautes mers dans le prolongement de l'estacade basse alors existante.

Cet ouvrage a été approuvé par décision ministérielle du 7 décembre 1868. Les travaux ont été terminés en 1869, et ont donné lieu à une dépense de 5,500 francs.

Cette estacade fait suite au premier embarcadère, et permet d'accoster aux navires ou aux bateaux de pêche, qu'on peut placer sur un ou deux rangs.

L'estacade basse avait été construite en 1850, pour relier les embarcadères, et avait donné lieu à une dépense de 3,700 francs. Elle était submergée à marée haute, et n'avait qu'une utilité restreinte; elle était d'ailleurs en mauvais état. Une décision en date du 26 octobre 1869 a autorisé le remplacement de la première partie par une estacade élevée au-dessus du niveau des plus hautes mers.

Les travaux, terminés en 1870, ont donné lieu à une dépense de 6,500 francs.

Une décision du 19 août 1871 a également autorisé le remplacement de la deuxième partie de l'estacade par une estacade insubmersible, pareille à la première.

La dépense est évaluée à 7,000 fr. Les travaux seront probablement exécutés en 1873.

Ces estacades formeront avec les embarcadères un quai continu de $98^{m},25$ de longueur, relié à la plate-forme du port et accessible à toute heure de la journée ; les navires et les bateaux y trouveront un échouage sûr et un accostage commode.

CHAPITRE IV.

RENSEIGNEMENTS COMMERCIAUX.

La navigation commerciale du Crotoy est peu importante. Il y vient par an, en moyenne, sept ou huit navires, chargés de houille, de bois du Nord et de liquides.

L'exportation est à peu près nulle.

Le Crotoy est essentiellement un port de pêche; 16 grands bateaux pontés, jaugeant ensemble 610 tonneaux, et montés par 150 à 160 hommes d'équipage, font journellement la pêche sur les côtes d'Angleterre et du Pas-de-Calais.

De plus, 20 bateaux, jaugeant 2 tonneaux en moyenne et montés par 35 hommes, font la pêche dans la baie et les passes du large.

Le produit moyen, par année, de la pêche du Crotoy, est de 371,440 francs, soit environ 1,850 tonnes de poisson.

On pratique aussi au Crotoy la pêche à pied, à marée basse, dans la baie et dans le bassin de retenue des chasses.

Le produit peut être évalué à 300 tonnes ou à 60,000 francs.

Il y a, en moyenne, deux ou trois navires par an qui relâchent dans le port du Crotoy, quand ils manquent l'entrée du port du Hourdel et que les vents les empêchent d'arriver à Saint-Valery.

Le Crotoy est relié à Rue, son chef-lieu de canton, par un chemin de grande communication, et à Abbeville par un autre chemin vicinal très-fréquenté.

La ville se trouve éloignée d'environ 8 kilomètres de la ligne du chemin de fer du Nord.

La station la plus voisine est celle de Rue.

BIBLIOGRAPHIE.

1860. Histoire de la ville du Crotoy et de son château, par Florentin Lefils. 1 vol. in-12.

1860. Mémoire sur les ruines du château du Crotoy, par le même. 1 vol. in-12.

1860. Le port du Crotoy; son importance comme station maritime, par le même. 1 vol. in-12.

1861. Le Crotoy, par le même. 1 vol. in-12.

RENSEIGNEMENTS GÉNÉRAUX.

MARÉES.

Établissement du port 11h 38m
Unité de hauteur . . . . 5m,72 [1]
Durée de l'étale . . . . 15 minutes.

HAUTEUR, PAR RAPPORT AU ZÉRO DES CARTES MARINES, DU NIVEAU MOYEN

Des pleines mers de vive eau ordinaires 10m,25
Des pleines mers de morte eau ordinaires 7m,70

SUPERFICIE AFFECTÉE AU SÉJOUR DES NAVIRES.

Port d'échouage . . . . 1,200 mètres carrés.

LONGUEUR TOTALE DES QUAIS

Du port d'échouage 98m,25

SUPERFICIE TOTALE DES TERRE-PLEINS DES QUAIS

Du port d'échouage . . . . 1,750 mètres carrés.

BASSIN DES CHASSES.

Superficie . . . . 65 hectares.
Contenance en pleine mer de vive eau ordinaire . . . . 1,200,000 mètres cubes.

Dépenses totales de premier établissement au 1er janvier 1873 . . . . . 762,415f 13c

[1] Les basses eaux du fond du port sont élevées de 4m,43 au-dessus de celles du large.

ENTRÉES.

NOTA. — Le port du Crotoy n'a pas reçu de navires à vapeur pendant la période décennale de 1860 à 1870.

ANNÉES.	NATIONALITÉS.	NAVIRES À VOILES.				RELÂCHEURS.		TOTAL des DEUX CATÉGORIES.	
		NOMBRE DES NAVIRES			TONNAGE.	NOMBRE.	TONNAGE.	NOMBRE.	TONNAGE.
		CHARGÉS.	SUR LEST.	TOTAL.					
1860	Français.....	9	1	10	429t	9	171t	26	1,460t
	Étrangers....	7	〃	7	860	〃	〃		
1861	Français.....	1	1	2	156	〃	〃	13	1,182
	Étrangers....	11	〃	11	1,026	〃	〃		
1862	Français.....	1	〃	1	79	〃	〃	5	520
	Étrangers....	4	〃	4	441	〃	〃		
1863	Français.....	39	〃	39	1,779	〃	〃	44	2,021
	Étrangers....	5	〃	5	242	〃	〃		
1864	Français.....	7	〃	7	395	〃	〃	12	634
	Étrangers....	5	〃	5	239	〃	〃		
1865	Français.....	4	〃	4	305	〃	〃	8	704
	Étrangers....	4	〃	4	399	〃	〃		
1866	Français.....	7	〃	7	605	〃	〃	7	605
	Étrangers....	〃	〃	〃	〃	〃	〃		
1867	Français.....	2	〃	2	152	〃	〃	5	397
	Étrangers....	3	〃	3	245	〃	〃		
1868	Français.....	3	〃	3	235	1	58	11	803
	Étrangers....	7	〃	7	510	〃	〃		
1869	Français.....	3	〃	3	224	〃	〃	8	695
	Étrangers....	5	〃	5	471	〃	〃		

SORTIES.

Nota. — Le port du Crotoy n'a pas expédié de navires à vapeur pendant la période décennale de 1860 à 1870.

ANNÉES.	NATIONALITÉS.	NAVIRES À VOILES.				RELÂCHEURS.		TOTAL des DEUX CATÉGORIES.	
		NOMBRE DES NAVIRES			TONNAGE.	NOMBRE.	TONNAGE.	NOMBRE.	TONNAGE.
		CHARGÉS.	SUR LEST.	TOTAL.					
1860	Français.	1	9	10	429t	9	171t	26	1,450t
	Étrangers. . . .	″	7	7	850	″	″		
1861	Français.	1	″	1	78	″	″	12	1,104
	Étrangers. . . .	″	11	11	1,026	″	″		
1862	Français.	″	1	1	79	″	″	5	520
	Étrangers. . . .	″	4	4	441	″	″		
1863	Français.	″	37	37	1,691	″	″	42	1,933
	Étrangers. . . .	″	5	5	242	″	″		
1864	Français.	″	7	7	395	″	″	11	569
	Étrangers. . . .	″	4	4	174	″	″		
1865	Français.	″	4	4	305	″	″	8	704
	Étrangers. . . .	″	4	4	399	″	″		
1866	Français.	″	6	6	419	″	″	6	419
	Étrangers. . . .	″	″	″	″	″	″		
1867	Français.	1	″	1	92	″	″	4	337
	Étrangers. . . .	3	″	3	245	″	″		
1868	Français.	3	1	4	285	1	58	12	853
	Étrangers. . . .	7	″	7	510	″	″		
1869	Français.	2	1	3	224	″	″	8	648
	Étrangers. . . .	3	2	5	424	″	″		

IMPORTATIONS ET EXPORTATIONS.

ANNÉES.	IMPORTATIONS		EXPORTATIONS	
	PROVENANT DE PORTS FRANÇAIS ET ÉTRANGERS.	RÉUNIES.	PROVENANT DE PORTS FRANÇAIS ET ÉTRANGERS.	RÉUNIES.
	kilogr.	kilogr.	kilogr.	kilogr.
1860	1,763,352	1,763,352	211,200	211,200
1861	1,263,091	1,263,091	164	164
1862	560,136	560,136	//	//
1863	351,151	351,151	40,000	40,000
1864	454,366	454,366	1,118	1,118
1865	825,858	825,858	600	600
1866	939,721	939,721	//	//
1867	835,027	835,027	28,200	28,200
1868	976,024	976,024	//	//
1869	896,333	896,333	//	//

DROITS DE DOUANE.

ANNÉES.	IMPORTATIONS.	EXPORTATIONS.	ACCESSOIRES.	NAVIGATION.	TAXE DES SELS.
	fr. c.	fr. c.	fr. c.	fr. c.	
1860.......	2,849 87	//	79 46	3,152 78	//
1861.......	1,864 09	0 19	52 11	2,781 15	//
1862.......	475 40	//	37 83	1,769 81	//
1863.......	702 35	//	49 85	614 90	//
1864.......	665 06	//	42 09	985 55	//
1865.......	271 00	//	43 03	481 97	//
1866.......	302 82	//	43 65	278 53	//
1867.......	542 61	//	27 15	64 20	//
1868.......	663 72	//	33 15	68 40	//
1869.......	597 53	//	31 93	49 80	//

PORT

DE SAINT-VALERY.

CHAPITRE PREMIER.

RENSEIGNEMENTS GÉOGRAPHIQUES ET HYDROGRAPHIQUES.

Saint-Valery est situé à 0° 42′ 25″ de longitude Ouest et à 50° 11′ 23″ de latitude Nord. Il appartient au département de la Somme et à l'arrondissement d'Abbeville. C'est le chef-lieu d'un canton. Il est à une distance de 20 kilomètres du chef-lieu d'arrondissement et à 65 kilomètres du chef-lieu du département.

Saint-Valery est établi au pied d'un coteau qui s'élève d'environ 25 mètres au-dessus du niveau moyen de la mer.

Le climat est pluvieux et tempéré; il est sujet à de nombreuses variations.

Les produits du pays consistent en céréales de toutes sortes, en fruits, en légumes renommés.

La localité n'a pour industrie que la petite pêche, la pêche du ver marin et ce qui concerne les besoins de la marine, comme cordages, poulies, voiles, etc. Le commerce consiste principalement : à l'importation, en houille, bois du Nord, fontes, jutes, liquides, grains, chanvre, goudron, sels, résine, etc.; à l'exportation, en silex, en grains, en fourrages et en céréales.

On y exploite la tourbe en grande quantité et des carrières de pierres gélives.

Saint-Valery a vu naître Lejoile, qui s'est distingué dans toutes les batailles navales de la République, notamment à celle d'Aboukir, et qui fut tué à l'âge de trente-neuf ans, le 9 avril 1799. C'est aussi la patrie du contre-amiral Perrée, qui fit avec Bonaparte l'expédition d'Égypte, et qui fut tué aussi à trente-neuf ans en attaquant la flotte de Nelson, le 18 février 1800. C'est encore le lieu de naissance de Lambert, qui fut chargé de la division de l'Adriatique, où il mourut le 13 mars 1809, à l'âge de quarante-deux ans.

Saint-Valery a fourni à la marine nationale bien d'autres officiers distingués, tels que les capitaines de vaisseau Blavet, Ravin, etc.

Le fond du port de Saint-Valery est assez régulier; il se trouve à l'ordonnée 1 mètre du nivellement général de la France.

Le sol est formé de craie et de cailloux, recouverts presque toujours d'une légère couche de vase, que l'on enlève chaque année.

Le chenal qui joint le port à la mer a une longueur de 12 kilomètres; il traverse la baie sur une longueur de 6,700 mètres, puis les bancs de Somme sur une longueur de 5,300 mètres et arrive à la pleine mer.

La partie de ce chenal qui traverse la baie est balisée par des perches en bois du pays, surmontées de voyants rouges ou noirs, suivant le côté du chenal où elles sont placées. Le passage des bancs du large est balisé au moyen de tonnes en bois ou en fer, de différentes dimensions, peintes en rouge ou en noir, suivant la rive à laquelle elles appartiennent.

Le fond du chenal est de sable pur très-fin, généralement assez régulier et sur lequel l'échouage n'est pas à craindre.

L'entrée du port est indiquée par le fanal de Saint-Valery, situé sur la rive gauche du chenal; l'entrée de la baie est indiquée par le feu de marée du Hourdel et par celui du Crotoy.

Les navires qui veulent atterrir en plein jour, s'ils viennent du Nord, cherchent à reconnaître les hautes terres de Boulogne, puis les phares de la Canche, l'hospice de Berck, le phare de Cayeux et le coteau de Saint-Valery. S'ils viennent du Sud, ils reconnaissent d'abord les falaises de Normandie, puis le phare de Cayeux et le coteau de Saint-Valery, avant d'entrer dans la baie.

De nuit, ils cherchent les phares de la Canche, le feu de Berck et le phare de Cayeux; s'ils viennent du Nord, ils se guident sur le phare de l'Ailly, et sur celui de Cayeux, s'ils arrivent par le Sud.

Les vents régnants à Saint-Valery sont ceux de la région de l'Ouest et du Sud-Ouest. Les premiers soufflent, en moyenne, 78 jours par an, et les seconds 62 jours.

DIRECTION DES VENTS.	PRINTEMPS.	ÉTÉ.	AUTOMNE.	HIVER.	TOTAUX.
Nord	8	6	6	9	29
Nord-Est	8	10	9	9	36
Est	6	9	12	12	39
Sud-Est	10	6	12	11	39
Sud	9	6	9	12	36
Sud-Ouest	12	18	18	14	62
Ouest	23	26	14	15	78
Nord-Ouest	15	11	11	9	46
TOTAUX	91	92	91	91	365

Le tableau précédent donne la fréquence relative des vents soufflant des huit directions principales de la boussole pendant chaque saison de l'année.

Les chiffres inscrits sont une moyenne des observations faites au chantier des ponts et chaussées, à Saint-Valery, pendant ces vingt dernières années.

Les vents les plus dangereux pour la navigation sont surtout les vents d'Ouest; ce sont eux qui occasionnent presque toujours les sinistres sur les côtes ou sur les bancs de Somme.

La direction sinueuse du chenal de Saint-Valery ne permet pas d'indiquer exactement les vents contraires à l'entrée; néanmoins, ceux du S. E. sont des vents debout pour entrer dans le port à la naissance des passes du large. Ceux du N. O. sont contraires pour la sortie.

La direction des courants de flot dans le chenal de Saint-Valery, tant en vive eau qu'en morte eau, est E. S. E.; celle des courants de jusant est N. O. $\frac{1}{4}$ O.

La vitesse des premiers est de 0m,47 par seconde en morte eau et de 0m,95 en vive eau.

Celle des seconds est de 0m,42 en morte eau et de 1m,20 en vive eau.

L'étale des courants se fait environ une demi-heure avant la mi-marée.

Les marées de Saint-Valery sont, en moyenne, en retard de 40 secondes sur celles de Dieppe.

Le flux a une durée de 2 heures 30 minutes en vive eau et de 3 heures en morte eau.

Le reflux dure 7 heures en vive eau et 6 heures en morte eau.

L'étale, tant de vive eau que de morte eau, est d'environ 15 minutes.

Les deux courbes de la page suivante donneront le mouvement ascensionnel des marées dans le port de Saint-Valery, tant en vive eau qu'en morte eau.

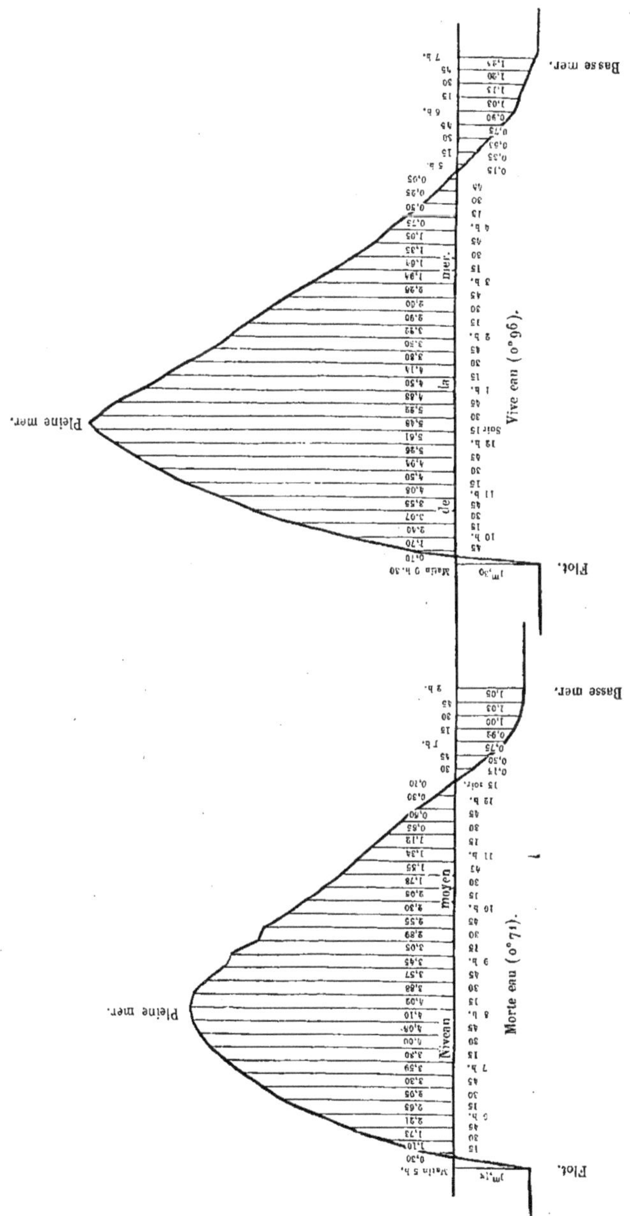
Basse mer.
Pleine mer.
Flot.
Niveau moyen de la mer.
Vive eau (0°96).
Basse mer.
Pleine mer.
Flot.
Morte eau (0°71).

Le tableau ci-dessous donne les ordonnées des hautes et des basses mers, rapportées à quatre plans de comparaison différents.

DÉSIGNATIONS.	NIVELLEMENT GÉNÉRAL de la France.	NIVELLEMENT GÉNÉRAL de la baie de Somme.	PLAN DE COMPARAISON correspondant au niveau moyen des basses mers de vive eau.	PLAN DE COMPARAISON des cartes hydrographiques de l'Annuaire de Chazallon.
NIVEAU DES HAUTES ET DES BASSES MERS DU PORT.				
Niveau maximum des hautes mers de vive eau ordinaires	6,70	16,70	10,70	11,40
Niveau moyen des hautes mers de vive eau ordinaires	5,55	15,55	9,55	10,25
Niveau minimum des hautes mers de vive eau ordinaires	4,90	14,90	8,90	9,60
Niveau maximum des hautes mers de morte eau	3,80	13,80	7,80	8,50
Niveau moyen des hautes mers de morte eau	3,00	13,00	7,00	7,70
Niveau minimum des hautes mers de morte eau	2,10	12,10	6,10	6,80
Niveau des basses eaux ordinaires	1,30	8,70	2,70	3,40
NIVEAU DES BASSES EAUX DU LARGE.				
Niveau maximum des basses mers de morte eau	1,70	8,30	2,30	3,00
Niveau moyen des basses mers de morte eau	3,20	6,80	0,80	1,50
Niveau minimum des basses mers de morte eau	4,00	6,00	0,00	0,70
Niveau minimum des basses mers de vive eau	4,73	5,27	0,73	0,03

La rive droite et la partie supérieure de la baie s'ensablent assez rapidement; il en est de même de l'anse située en arrière de la digue de halage, entre le cap Hornu et le cap Hourdel; le reste a baissé d'une manière sensible.

CHAPITRE II.

HISTORIQUE.

On ne possède de renseignements historiques certains sur Saint-Valery qu'à partir du VIIe siècle, à l'époque où le saint qui donna son nom à la ville vint fonder une abbaye, autour de laquelle se groupèrent peu à peu des habitations. Telle est l'origine de la ville haute, bâtie sur la falaise.

Quant à la ville basse, désignée sous le nom de *la Ferté*, elle doit son origine aux pêcheurs qui s'installèrent sur le bord de la mer, au pied des falaises. Déjà, à cette époque reculée, le port de Saint-Valery recevait des navires étrangers; trois siècles plus tard, il passait pour le plus considérable des ports de la Manche. De tous les points de la baie, c'était le seul qui offrît un abri contre les vents régnants et les vents de tempête.

La baie de Somme n'avait pas alors la forme et les dimensions qu'elle a aujourd'hui. Dans des temps encore plus reculés, les terrains d'alluvions des Bas Champs compris entre Saint-Valery, Ault et le Hourdel, d'une part, et ceux du Marquenterre, qui forment une large zone, à peu près parallèle à la côte, entre Noyelles et la baie d'Authie, étaient sous l'eau. La Somme devait couler à peu près en ligne droite de Saint-Valery à Ault, au pied des falaises. Les galets qui, dans ces parages, marchent du Sud-Ouest au Nord-Est, la refoulèrent peu à peu vers le Nord; sur la rive droite, au contraire, ce sont des sables qui rétrécirent la baie, car le galet n'a jamais dépassé la pointe du Hourdel.

Au milieu de cette vaste embouchure, il y avait des îlots désignés sous les noms de *Heurt* et de *Hoc*, sur lesquels s'établirent plus tard Cayeux, Rue, Noyelles, le Crotoy. Peu à peu ces îlots se soudèrent aux rives, qui continuaient à avancer dans la baie. Plus tard les parties hautes de la baie s'ensablèrent à leur tour. Les eaux introduites à chaque marée diminuèrent de volume et furent insuffisantes pour balayer les sables apportés par le flot. L'embouchure se rétrécit de plus en plus et finit par prendre la forme qu'elle a aujourd'hui. Actuellement, la pointe du Hourdel ne s'avance plus guère. Mais la baie n'en continue pas moins à s'ensabler, et il est certain que, dans un avenir plus ou moins rapproché, Saint-Valery et le Crotoy seront devenus, comme Abbeville, des ports d'eau douce.

Le premier fait marquant dans l'histoire de Saint-Valery se rapporte à l'époque de la conquête de l'Angleterre par les Normands. En 1066, Guillaume de Normandie, gêné par les vents contraires, fut obligé de relâcher à Saint-Valery pendant un mois avec sa flotte, qui se composait d'environ 900 navires à grandes voiles et de nombreux bateaux de transport. Le port était alors au Nord du cap Hornu. Saint-Valery eut ses franchises communales vers la fin du XIe siècle. La ville haute possédait déjà depuis longtemps un château fortifié, bâti par ses comtes sur le sommet de la falaise. La ville basse ne fut fortifiée qu'un siècle plus tard.

Pendant les guerres entre les rois de France et d'Angleterre, la ville de Saint-Valery fut maintes fois assaillie par l'une ou l'autre des armées ennemies. Après le combat naval de l'Écluse, où elle avait fourni quatre navires à la flotte française, elle réussit à repousser les efforts des Anglais. En 1346, quelques jours avant la bataille de Crécy, Édouard III, après avoir essayé de la surprendre, passa la Somme au fameux gué de Blanquetaque, que quelques historiens ont placé au droit de Saint-Valery, mais que la tradition du pays, appuyée sur des données assez positives, place un peu en amont de Noyelles. Ce gué, qui a joué dans les guerres du temps un rôle considérable, existait encore au siècle dernier.

Jusqu'au XVe siècle, l'histoire de Saint-Valery mentionne une succession de siéges faits par les Anglais, par les Français, par les Bourguignons. Chaque fois qu'elle changeait de maître, la ville était saccagée, pillée ou incendiée. Ce n'est qu'à la fin du xve siècle qu'elle parvint à se relever de ses ruines; dans le siècle suivant, on voit ses marins armer pour la grande pêche de la baleine et de la morue.

Les guerres de Charles-Quint et de François Ier n'eurent pas sur Saint-Valery des effets aussi désastreux que sur les pays de la rive droite de la Somme. Mais il n'en fut pas toujours ainsi, et, à la fin du règne de Henri IV, les guerres de religion, les guerres avec l'Espagne, avaient fait de la ville un monceau de ruines. Elle se releva une seconde fois sous Louis XIV; son port eut un grand nombre de navires et en reçut d'étrangers de presque toutes les parties de l'Europe.

Mais à cette époque la marche des alluvions, qui, ayant dépassé Cayeux, arrivaient à l'endroit où se trouve aujourd'hui le hameau du Hourdel, gênait considérablement le cours de la Somme et rendait la navigation assez dangereuse. Vauban, à la suite d'une reconnaissance de la baie et des côtes, fut d'avis qu'il n'y avait aucun parti à tirer de la baie, qu'il était préférable de l'abandonner et de conduire la Somme, au moyen d'un canal à grand tirant d'eau, en un point situé sur la côte, entre Ault et Cayeux, où l'on trouvait un mouillage sûr. Ce projet, abandonné à la mort de Louis XIV, fut repris en 1740 par un négociant d'Abbeville, François Gatte, qui proposa de l'exécuter moyennant la concession de tous les atterrissements qui se formeraient dans la baie de Somme. Un arrêt du conseil du roi accepta ces conditions. Une société de capitalistes se forma, et le projet eût été exécuté si Gatte n'était venu à mourir.

On lit dans une délibération de la chambre de commerce de Picardie, en 1777, qu'à cette époque le chenal passait sur la rive gauche, sous Saint-Valery, mais que le port était menacé d'être entièrement obstrué par les sables; qu'il aurait fallu, pour éviter ce danger, barrer la Somme près de Port ou Laviers, et conduire toutes les eaux de la rivière dans le port de Saint-Valery. Les officiers municipaux d'Abbeville s'opposèrent à cette mesure, en faisant valoir que la tendance naturelle du chenal était toujours de se rapprocher du Crotoy, et demandèrent la création d'un grand port dans cette dernière localité. C'est alors que s'accentuèrent les rivalités entre Saint-Valery, soutenu par Amiens, et le Crotoy, soutenu par Abbeville, rivalités qui devaient être si préjudiciables aux véritables intérêts de la navigation. Un arrêt du conseil du roi du 18 octobre 1778 prescrivit l'étude du rétablissement du port de Saint-Valery et du creusement d'un nouveau lit pour la Somme, depuis Petit-Port jusqu'à la pointe de Pinchefalise. Telle fut la première idée du canal maritime d'Abbeville à Saint-Valery, qui devait d'abord déboucher librement à la mer, mais qui fut fermé par des barrages éclusés, à la suite de circonstances dont il sera question plus loin.

Les travaux de ce canal furent entrepris en 1785 et produisirent dès le début un bouleversement dans le régime hydraulique de la baie. Le chenal repassa brusquement sur la rive droite, et les navires venant à Saint-Valery furent forcés de relâcher au Crotoy. Telle fut la situation jusqu'en 1820, époque à laquelle les eaux de la Somme passèrent presque exclusivement dans le canal et vinrent creuser un chenal sous Saint-Valery.

Les travaux, commencés en 1785, furent interrompus par la révolution de 1793. C'est à cette époque que Lamblardie, reprenant l'idée de Vauban, proposa de conduire la Somme au *hable* d'Ault[1] par un canal, à côté duquel il voulait créer un canal de navigation. Ces deux canaux devaient déboucher dans un même port, creusé près de la côte, le premier au moyen d'une écluse simple

[1] On appelle ainsi une portion de l'ancienne baie emprisonnée par les bourrelets de galets apportés par la mer. Cet étang, situé entre Cayeux et Ault, communiqua longtemps avec la mer et servait de port de refuge aux pêcheurs de Cayeux; de là le nom de *hable*, qui, dans la langue du pays, est synonyme de *havre*. Mais l'entrée de ce bassin, déjà assez difficile par le mauvais temps, devint impraticable par suite des obstructions qui ne tardèrent pas à s'y former. Les habitants des pays voisins obtinrent l'autorisation de la fermer, afin de se mettre à l'abri des ravages que la mer faisait aux Bas Champs.

n'ayant que des portes de flot, le second avec un sas éclusé avec porte d'ebbe et de flot, et aboutir à la mer par un chenal bordé de deux jetées.

Le projet ne fut pas exécuté. Il a été souvent reproduit depuis, mais, chaque fois, il a été écarté, parce qu'il présente de graves inconvénients.

Les travaux du canal maritime d'Abbeville à Saint-Valery ne furent repris qu'en 1803, époque à laquelle on entreprit, sans étude préalable, l'établissement à Saint-Valery d'un port d'échouage avec écluse de chasse et bassin de retenue, et d'une grande écluse à sas à l'extrémité du canal. On avait déjà commencé les fondations de l'écluse de chasse quand, en 1805, on suspendit les travaux. On prit le parti de faire passer toutes les eaux de la Somme dans le canal, en construisant, près d'Abbeville, à Sursomme, un déversoir pour maintenir un courant dans l'ancienne baie.

Ce ne fut qu'en 1812 qu'on se mit à réaliser ce programme : on construisit d'abord l'écluse du contre-fossé du canal servant à égoutter les terres riveraines, puis on commença le barrage éclusé à l'extrémité aval du canal. Ce travail, interrompu par les événements de 1814, fut repris en 1816 et continué jusqu'en 1820, époque à laquelle on observa dans l'ouvrage de graves avaries, qui furent réparées de 1827 à 1833. On jugea prudent de soulager ce barrage en en construisant un second à 300 mètres en amont. C'est dans la même période que l'on construisit la digue du large du port de Saint-Valery, digue insubmersible, en terre, qui part du barrage inférieur et se termine à une estacade en face de la Ferté.

Quant au déversoir projeté près d'Abbeville, à Sursomme, il fut changé en une écluse à sas, qu'on exécuta en 1830. Cet ouvrage était à peine terminé, en 1833, qu'il fut ensablé, dès qu'on voulut faire passer dans le canal toutes les eaux de la Somme. De ce moment date l'atterrissement de la haute baie.

L'exécution du canal eut pour résultat de faciliter la navigation entre Abbeville et Saint-Valery, et de creuser le port et le chenal de Saint-Valery.

Le port était à peu près constitué tel qu'il est aujourd'hui, depuis l'exécution des deux barrages fermant l'extrémité du canal. Nous décrirons dans le chapitre suivant les travaux d'amélioration qui y ont été exécutés depuis.

La population actuelle de Saint-Valery est de 3,686 habitants.

CHAPITRE III.

DESCRIPTION DU PORT.

Le port de Saint-Valery est situé sur la rive gauche de la baie; il est abrité au S. O. par un coteau dont nous avons déjà indiqué la hauteur, et qui longe le chenal par des falaises presque à pic jusqu'au cap Hornu. A partir de ce point, le coteau rentre dans l'intérieur des terres.

Ce coteau abrite naturellement la rive de la baie, qui forme, pour ainsi dire, une espèce de rade naturelle, sur laquelle les navires n'ont à craindre que l'échouage, mais non les tempêtes.

Le port de Saint-Valery sert quelquefois de lieu de refuge, mais rarement; les navires préfèrent entrer en relâche au Hourdel, qui se trouve plus à proximité de la pleine mer. Ce dernier port peut être considéré comme le complément du port de Saint-Valery, puisque c'est là que les navires en retard attendent la marée pour entrer dans la baie.

Le port proprement dit de Saint-Valery, c'est-à-dire le lieu de stationnement des navires, a une longueur de 1,060 mètres et une largeur de 60 mètres au plan d'eau de mer basse; il est bordé à droite par une digue insubmersible de 1,023 mètres de longueur, terminée par une estacade de 80 mètres de développement. Sur la rive gauche règne d'abord une digue insubmersible de 536 mètres de longueur, contre laquelle sont établis cinq embarcadères en charpente pour l'accostage des navires; cette digue, qui prend naissance à la culée du barrage inférieur de Saint-Valery, est suivie d'un mur de quai de 425 mètres de longueur, puis d'une digue de halage, qui doit, plus tard, se rattacher au port du Hourdel. La longueur de cette dernière digue, à partir de l'extrémité du quai de Saint-Valery, est en ce moment de 3,271 mètres.

A la suite de la digue de halage, on trouve, sur l'emplacement même que doit occuper la digue future, une jetée basse en moellons, destinée à maintenir le chenal dans une bonne direction. Parallèlement à la digue de halage s'étend, sur la rive droite du chenal, depuis la pointe de la Ferté jusque un peu au-dessous de la tour Harold, sur une longueur de 2,100 mètres, une jetée basse en moellons, destinée à fixer le chenal le long de la digue de halage.

Le principal ouvrage du port est un mur de quai en maçonnerie, de 425 mètres de longueur, qui supporte une plate-forme d'une superficie de 8,500 mètres carrés, destinée au mouvement des marchandises. Une voie ferrée traverse le quai dans toute sa longueur et met le port en communication avec le chemin de fer de Saint-Valery à Noyelles et, par suite, avec la grande ligne de Paris à Calais. Il y a, en outre, immédiatement en amont du quai et accolés contre la digue gauche, cinq embarcadères en charpente, qui suffisent au placement de cinq navires et servent spécialement aux opérations de transbordement. On ne peut mettre à quai, dans le port de Saint-Valery, qu'environ dix navires de 200 tonnes sur un seul rang; mais on les place, au besoin, sur deux et même sur trois rangs. Il n'y a, malheureusement, dans le port aucune machine pour les mouvements des marchandises.

Les digues insubmersibles du port sont en terre. Leur talus du côté du chenal est défendu par des enrochements depuis la base jusqu'à la cote $3^m,70$ (nivellement général de la France), et par des clayonnages dont les cases sont remplies de gros galets entre les cotes $3^m,70$ et $7^m,70$; l'inclinaison de ce talus varie de $\frac{1}{3}$ à $\frac{2}{3}$ de la base au sommet. Le talus intérieur est incliné à $\frac{2}{3}$; il est défendu par des enrochements jusqu'à la cote $5^m,70$ et par des gazons au-dessus.

Saint-Valery possède un chantier de construction. On y trouve aussi trois grils de radoub, établis dans le fond du port, et une plate-forme qui découvre à mer basse et sert aux menus travaux de carénage.

Le port d'échouage de Saint-Valery est la continuation du canal de la Somme, qui le traverse pour se jeter à la mer. Or ce canal est terminé par une écluse de grande dimension, formée de deux barrages et d'un sas. La tête d'amont présente deux passages, savoir : un pertuis navigable de 8m,60 de largeur, avec portes d'ebbe et de flot, et un passage à ventelleries fixes, d'une largeur de 6 mètres.

Le sas a une longueur de 250 mètres et une largeur de 50 mètres au plan d'eau de mer basse.

Le barrage inférieur a également deux passages : l'un de 8m,60 de largeur, avec portes d'ebbe et de flot, et l'autre de 6 mètres, avec ventellerie mobile et portes de flot.

On a construit encore sur la digue gauche du canal, à 100 mètres en amont du barrage supérieur, un déversoir à ventellerie fixe pour déverser les eaux du canal dans le contre-fossé, au moment des chasses, et en augmenter l'effet. Sa largeur est de 6 mètres.

La profondeur du port est entretenue par les chasses quotidiennes qui se font à cette écluse, et qui durent deux heures en moyenne par marée. Le débit par seconde dans les chasses est de 120 mètres cubes; la hauteur de la retenue est de 1m,80.

Néanmoins il s'amoncelle chaque année contre le mur de quai, au lieu de stationnement des navires, une couche de vase dont l'épaisseur atteint en moyenne 0m,50. On l'enlève à main d'homme et à l'aide de radeaux, quand la mer est basse.

Ce travail se fait généralement en hiver ou au commencement du printemps, et demande cinquante jours.

Les premiers ouvrages construits à Saint-Valery sont les barrages qui terminent le canal de la Somme, et dont il a été question dans le chapitre précédent. Les travaux du barrage inférieur avaient été autorisés par un décret du 28 avril 1810. Ceux du barrage supérieur furent autorisés en 1823 par l'administration supérieure, sur le rapport d'une commission d'inspecteurs généraux.

L'ensemble des travaux a occasionné une dépense de 1,815,000 fr.

dont 1,565,000 pour le barrage inférieur, et 250,000 pour le barrage supérieur.

Les avantages que le port de Saint-Valery a retirés de ce travail résultent de ce qu'on a pu, au moyen de cette écluse, faire les chasses et approfondir le port, au lieu de faire les chasses à Abbeville, comme autrefois, ce qui produisait à Saint-Valery un bien mince résultat. Mais, ainsi que le constatait la commission de 1823, il est regrettable que, par un esprit d'économie mal entendue, on ait placé le barrage sur les fondations d'une écluse de chasse commencée en 1803, et sans interrompre l'écoulement des eaux de la rive gauche en amont de Saint-Valery. Si on l'eût placé plus en aval, près de la tour Harold par exemple, Saint-Valery aurait eu tout naturellement depuis longtemps le bassin à flot qu'il réclame, et l'effet des chasses sur le chenal eût été plus puissant.

Le barrage inférieur fut de nouveau menacé en 1843. Il fallut supprimer en 1844 deux des trois passages, et en construire un nouveau sur la rive gauche. Le petit passage conservé de l'ancien barrage dut être reconsolidé de 1850 à 1851.

Une année après on construisit, en amont du barrage supérieur, un déversoir, pour rejeter une partie des crues de la Somme dans le contre-fossé du canal et améliorer le système de chasse. Ce déversoir, dont les fondations inspirèrent des craintes assez sérieuses en 1869, fut réparé au moyen d'injections de mortier méthodiquement conduites, qui ont donné des résultats très-satisfaisants.

Le second travail important fait à Saint-Valery est la construction de la digue du large du port, dont il a été question au chapitre précédent. Elle avait pour but de limiter le port du côté de la baie, de resserrer les eaux de la Somme et d'augmenter l'effet des chasses dans le port et le chenal; elle a produit des résultats remarquables. La dépense de l'estacade à claire-voie qui termine cette digue s'est élevée à la somme de 175,000 francs.

Après l'exécution des travaux que nous venons de signaler, le port était encaissé sur la rive droite, mais la rive gauche n'était encore qu'une plage élevée, sur laquelle les navires venaient échouer, en s'amarrant à un petit quai en ruines, d'environ 3 mètres de hauteur.

Une décision ministérielle en date du 25 août 1837 a approuvé la construction d'un quai de 395 mètres de longueur et de 20 mètres de largeur, en moyenne, soutenu par un mur en briques et défendu par une charpente de garde.

La dépense occasionnée par ce travail s'est élevée à 280,500 fr. y compris la construction d'une cale d'embarquement de 30 mètres de longueur, qui a été construite plus tard, et qui a porté la longueur totale du mur de quai à 425 mètres.

Ces travaux offrent aux navires un échouage sûr et un amarrage commode, en même temps qu'ils donnent au commerce une surface de quai de 8,500 mètres carrés pour le mouvement des marchandises.

Après la construction du mur de quai, un projet fut dressé pour relier la plate-forme du port au barrage inférieur de Saint-Valery, et soustraire à l'action des eaux un vaste polder, connu sous le nom de *molière du chantier*. Ce travail a été autorisé par décision ministérielle du 18 juillet 1839, et la dépense s'est élevée à la somme de 12,000 francs. La digue a contribué à l'approfondissement du port et a permis de renvoyer directement dans le chenal les eaux provenant des chasses, qui s'éparpillaient autrefois sur la molière du chantier.

Pour compléter l'effet des travaux déjà exécutés, on a construit une digue de halage, qui part de l'extrémité aval du mur de quai, et doit se rattacher plus tard au port du Hourdel.

Ce travail a été exécuté en plusieurs fois et est loin d'être encore terminé. On a construit d'abord la partie comprise entre la Ferté et la tour de l'Église, puis celle qui s'étend jusqu'à la tour Harold. On a établi ensuite les deux premières claires-voies et la partie de digue qui unit la deuxième à la troisième estacade.

Ces estacades ont été ménagées dans les digues pour permettre aux eaux de se répandre sur les molières situées au Sud et en retarder le colmatage, pour ne rien retrancher de la capacité de la baie et, par suite, ne rien diminuer de l'effet des chasses naturelles.

Un décret impérial en date du 30 janvier 1867 a autorisé le prolongement de la digue de halage depuis Saint-Valery jusqu'au Hourdel. Le projet était divisé en trois sections : la première, d'une longueur de 1,600 mètres, était évaluée à la somme de 400,000 fr. Le projet tout entier devait coûter 800,000 francs.

On a construit sur cette section une estacade à claire-voie de 35 mètres, puis une digue pleine de 1,016^{m},60, ce qui porte la longueur totale de digue exécutée aujourd'hui à 3,271 mètres, y compris une estacade de 60 mètres, construite en 1873.

Le montant total des dépenses faites jusqu'à aujourd'hui s'élève à 504,000 francs, et cependant on est encore loin d'avoir terminé les travaux prévus au projet. Il est très-probable qu'on les arrêtera après avoir construit l'estacade terminale, et qu'on ajournera la continuation de la digue. Mais, telle qu'elle est actuellement, la digue de halage a déjà atteint le but que l'on s'était proposé : diriger le chenal à la sortie du port double et permettre aux navires de se faire haler jusqu'à l'ouvert des vents régnants.

Dans l'intervalle des travaux de construction de la digue de halage, on a établi, sur la rive droite du chenal, une jetée submersible en moellons, de 2,100 mètres de longueur, qui part d'un point situé au droit de l'estacade du large et qui se termine à environ 380 mètres en aval de la tour Harold. L'ouvrage a été exécuté en plusieurs fois; la dépense totale est évaluée à 52,000 fr.

Cette jetée, en resserrant l'espace sur lequel agissent les eaux de chasse, a permis de fixer et de creuser le lit du chenal, en même temps qu'elle a contribué à son approfondissement, en dirigeant sur la rive gauche une partie des eaux. En outre, sa disposition évasée vers le Nord a permis d'y attirer une partie des eaux de la haute baie, qui, jusqu'alors, s'éparpillaient sans produire d'effet utile. Grâce à ces diverses améliorations, on a obtenu, depuis 1843, un approfondissement de 2^{m},40 environ.

On a également établi, vers la même époque, une autre jetée basse en moellons sur la rive gauche du chenal et dans l'emplacement que doit occuper plus tard la digue de halage, dont elle est l'amorce. Elle a une longueur de 3,508 mètres; les dépenses de construction montent à 133,000 francs.

Cet ouvrage a produit les meilleurs résultats : le chenal, qui divaguait autrefois dans toute la baie, suit maintenant un cours régulier et s'appuie sur la jetée tout le long de sa partie concave. Mais, à 800 mètres du Hourdel, sa courbure change de sens, et tourne sa convexité à la baie.

Le courant s'est détourné de la jetée et s'est reporté vers le Nord, et le chenal subit toutes sortes de variations.

Comme conséquence de ces perturbations, on peut citer l'ensablement de l'entrée du port du Hourdel et la barre qui fermait la passe du Sud de 1867 à 1869. Depuis 1870, cette barre s'est beaucoup abaissée.

Le tracé de la jetée basse, dans sa partie convexe, n'ayant pas réussi à fixer le chenal, devra être évidemment modifié. On prépare en ce moment les éléments d'une étude sur cette importante question.

Une décision ministérielle en date du 30 avril 1869 a autorisé l'établissement de cinq embarcadères en charpente en amont du mur de quai, destinés spécialement aux opérations du lestage et du transbordement. Ces ouvrages, qui ont donné lieu à une dépense de 50,531 fr. 24 cent. ont été terminés vers le commencement de 1870. Les navires qui viennent s'y placer s'y trouvent fort bien, et dans les moments d'encombrement à quai, on y met des navires jusque sur deux ou trois rangées.

CHAPITRE IV.

RENSEIGNEMENTS ÉCONOMIQUES ET COMMERCIAUX.

Le port de Saint-Valery doit sa fréquentation et son commerce à sa position tout exceptionnelle à l'embouchure du canal de la Somme, qui le met en communication avec l'intérieur.

Des navires anglais, norwégiens, danois, allemands et russes y apportent chaque année leurs produits : houille, bois du Nord, jutes, fontes, grains, chanvre, goudron, résine; en même temps que les villes maritimes françaises de l'Océan lui envoient des liquides, des fruits, du sel, du coaltar, des grains et des bestiaux.

Les marchandises qu'on exporte sont presque toutes destinées à l'Angleterre ou aux grands ports du Havre et de Bordeaux. Ce sont des pommes de terre, des grains, des légumes, des fourrages et des galets.

La pêche est peu pratiquée à Saint-Valery; les vrais ports de pêche de la baie de Somme sont Cayeux et le Crotoy. Néanmoins, quarante-huit bateaux non pontés sont attachés au port de Saint-Valery; ils jaugent ensemble 95 tonnes, et font chaque année la pêche dans la baie et dans les passes du large. Chaque bateau est monté, en moyenne, par deux hommes d'équipage. Le produit annuel varie entre 225 et 250 tonnes de poisson, ce qui représente une valeur de 40 à 50,000 francs.

On pêche en outre aux filets dans la baie, à marée basse. Le produit peut être évalué à 55 tonnes et à 10,000 francs.

Nous avons dit plus haut que le port de Saint-Valery n'est pas utilisé comme port de relâche; cependant il reçoit, en moyenne, deux ou trois navires, qui viennent se réfugier dans le port quand ils sont pris par les tempêtes et qu'ils ne peuvent entrer au Hourdel.

Saint-Valery est relié au Nord de la France et à la Belgique par le canal de la Somme. Il se rattache également à la Seine et aux canaux du Centre par le canal de Saint-Quentin, le canal de l'Oise, ceux de Saint-Denis et de Saint-Martin.

Il est, par les chemins de fer, en communication directe avec Paris, d'un côté, et avec Boulogne, de l'autre.

Une route départementale l'unit à Abbeville et une autre à Eu (Seine-Inférieure); divers autres chemins de grande communication le mettent en rapport avec les principales localités de l'arrondissement.

BIBLIOGRAPHIE.

Histoire civile, politique et religieuse de Saint-Valery et du comté de Ponthieu, par Florentin Lefils. 1 vol. in-8°, 1858.

Mémoire pour l'établissement d'un port avec son bassin de 240 toises de pourtour en Picardie (à Amiens), et pour un nouveau lit à la rivière de la Somme, depuis Abbeville jusqu'à ce port. Mol de Lurieux, avocat. Paris, Brunet, 1750, brochure in-folio.

Mémoire sur un objet intéressant pour la province de Picardie, ou projet d'un canal et d'un port sur ses côtes, avec un parallèle du commerce et de l'activité des Français avec celle des Hollandais. La Haye et Abbeville. Devérité, 1764, 1 vol. in-8°. — Ce mémoire, attribué à l'avocat Linguet, traite du port du Crotoy. Publié à Abbeville.

Lettres sur les avantages et les inconvénients de la navigation des ports d'Abbeville, Amiens, Saint-Valery, le Crotoy, par Linguet, avocat au Parlement de Paris. La Haye, 1764, 1 vol. in-8°. Publié à Abbeville en 1818.

Les souhaits d'une heureuse année suivie de plusieurs autres, adressés à M. de ***, à Abbeville, en réponse au nouveau projet d'un canal dans la Picardie et d'un port à Amiens, qui entraîneraient la destruction d'Abbeville et de Saint-Valery. Amsterdam (Paris, Vincent), 1765, in-8°.

Lettre de l'auteur d'un Mémoire sur un objet intéressant pour la province de Picardie à un de ses amis, à l'occasion de la brochure précédente. 12 février 1765, in-8°.

Mémoire et projet pour perfectionner la navigation de la rivière de Somme, depuis son embouchure jusqu'à Abbeville, par J. Riquier. Amiens, 1765.

Canaux navigables ou développement des avantages qui résulteraient de l'exécution de plusieurs projets en ce genre pour la Picardie, l'Artois, la Bourgogne, la Champagne, la Bretagne et la France en général, par Linguet. Amsterdam (Paris, Cellot), 1769, 1 vol. in-12.

Extraits du registre aux délibérations de la Chambre de commerce de Picardie, à partir de 1777. Amiens, Caron, brochure in-4°. — Ces extraits se rapportent à la navigation de la baie de Somme.

Mémoire sur les côtes de la haute Normandie, par de Lamblardie, ingénieur des ponts et chaussées. Le Havre, 1789, in-4°.

Navigation intérieure de la République. Communications par eau de la mer à Paris, etc., par Adryné, ingénieur des ponts et chaussées. 1796, in-4°.

Notice sur le commerce de mer d'Abbeville, sur ses forces navales au XIVe siècle, par M. Traullé. Abbeville, 1809, in-4°.

Considérations sur le commerce et la navigation des villes maritimes du département de la Somme. Paris, 1819, in-4°.

Abrégé des annales du commerce de mer d'Abbeville, par M. Traullé. Abbeville, 1819.

Mémoire sur le canal du duc d'Angoulême (canal de la Somme), par M. de Montédon, ingénieur des ponts et chaussées. 1821, in-8°.

Renseignements utiles sur l'embouchure du canal de la Somme à Saint-Valery, par Gérard. Paris, 1822.

Notice sur la baie de Somme, par U. Sartoris. Paris, 1824, in-8°.

Observations sur le canal de la basse Somme, d'Abbeville à Saint-Valery, par Estancelin. Paris, 1833, in-8°.

Mémoire des commerçants et marins de Saint-Valery sur la navigation de la baie de Somme. Amiens, 1833, in-4°.

Observations de la Chambre de commerce d'Amiens, à l'occasion des brochures de M. Estancelin. Amiens, 1833 et 1834.

Opinion de M. Estancelin, député de la Somme, sur le rapport à la Chambre des pétitions des habitants d'Abbeville, d'Amiens et de Saint-Valery. Paris, 1834.

Rapport sur la situation de la vallée de la basse Somme, présenté au conseil général en 1834. Amiens.

Nouvelles observations sur le canal de la basse Somme, sur l'état de la navigation dans les ports de Saint-Valery, du Crotoy et d'Abbeville, par Estancelin, député de la Somme. Paris, 1834, in-8°.

Pétition adressée à MM. les Pairs de France. Abbeville, 1834, in-4°. — Traité de la navigation d'Abbeville au Crotoy.

Lettre de la Chambre de commerce d'Abbeville à propos de l'avarie survenue au barrage inférieur de Saint-Valery.

Des ports de la Somme, par la Chambre de commerce d'Amiens. Amiens, 1843.

Chambre de commerce d'Abbeville. Navigation. 1845, in-4°. — Traité du sas éclusé à établir à Sursomme, près Abbeville.

La baie de Somme et ses ports, par Florentin Lefils. Abbeville, 1846, in-8°.

La vérité sur la baie de Somme, par Florentin Lefils. Abbeville, 1853.

Les côtes françaises de la Manche, par Florentin Lefils; 1854.

Question de la Somme, par Florentin Lefils; 1854.

Réponse à cette brochure, par M. Mary; 1854.
A propos du bassin des Dunes. Paris, 1854, in-8°.
Recherches sur la configuration des côtes de la Morinie, par Florentin Lefils; 1859.

Voir, au surplus, dans la Notice d'Abbeville, les différents ouvrages sur la Picardie en général, ou l'arrondissement d'Abbeville, notamment l'ouvrage de M. Louandre intitulé *Histoire d'Abbeville et du comté de Ponthieu.*

RENSEIGNEMENTS GÉNÉRAUX.

MARÉES.

Heure de l'établissement du port........................ $11^h 48^m$
Unité de hauteur.. $5^m,72$ [1]
Durée de l'étale.. 15 minutes.

HAUTEUR, PAR RAPPORT AU ZÉRO DES CARTES MARINES, DU NIVEAU MOYEN

Des pleines mers de vive eau ordinaires.................. $10^m,25$
Des pleines mers de morte eau ordinaires................. $7^m,70$

CHENAL ENTRE LES JETÉES.

Largeur à l'entrée....................................... $180^m,00$
Longueur... $3,200^m,00$
Profondeur d'eau { en vive eau ordinaire................. $6^m,90$
Profondeur d'eau { en morte eau ordinaire................ $4^m,35$

SUPERFICIE AFFECTÉE AU SÉJOUR DES NAVIRES.

Port d'échouage.. 63,600 mètres carrés.

LONGUEUR TOTALE DES QUAIS

Du port d'échouage....................................... 425 mètres.

SUPERFICIE TOTALE DES TERRE-PLEINS DES QUAIS

Du port d'échouage....................................... 8,500 mètres carrés.

Dépenses totales de premier établissement au 1er janvier 1873....... $3,022,031^f\ 24^c$

[1] Les basses eaux du fond du port sont élevées de $4^m,13$ au-dessus de celles du large.

ENTRÉES.

ANNÉES.	NATIONALITÉS.	NAVIRES À VOILES. Nombre des navires chargés.	sur lest.	total.	Tonnage.	NAVIRES À VAPEUR. Nombre des navires chargés.	sur lest.	total.	Tonnage.	RELÂCHEURS. Nombre.	Tonnage.	TOTAL des trois catégories. Nombre.	Tonnage.
1860	Français..	255	75	330	26,184t	16	″	16	1,188t	″	″	550	47,134t
	Étrangers.	159	45	204	19,812	″	″	″	″	″	″		
1861	Français..	181	49	230	17,985	19	″	19	1,364	″	″	586	53,509
	Étrangers.	282	55	337	34,160	″	″	″	″	″	″		
1862	Français..	201	60	261	20,611	8	″	8	576	″	″	582	48,747
	Étrangers.	267	45	312	27,514	″	″	″	″	1	46t		
1863	Français..	190	25	215	16,302	″	″	″	″	1	27	491	40,893
	Étrangers.	241	34	275	24,564	″	″	″	″	″	″		
1864	Français..	189	58	247	19,305	″	″	″	″	″	″	442	38,496
	Étrangers.	160	35	195	19,191	″	″	″	″	″	″		
1865	Français..	183	73	256	19,783	″	″	″	″	″	″	548	47,222
	Étrangers.	245	47	292	27,439	″	″	″	″	″	″		
1866	Français..	165	89	254	20,123	″	2	2	206	1	—	515	48,877
	Étrangers.	211	47	258	28,548	″	″	″	″	″	″		
1867	Français..	142	59	201	14,884	″	″	″	″	″	″	419	38,116
	Étrangers.	174	43	217	23,026	″	1	1	206	″	″		
1868	Français..	125	49	174	13,461	″	″	″	″	″	″	438	42,388
	Étrangers.	228	36	264	28,927	″	″	″	″	″	″		
1869	Français..	150	77	228	17,698	″	″	″	″	1	″	504	48,382
	Étrangers.	238	38	276	30,684	″	″	″	″	″	″		

SORTIES.

ANNÉES.	NATIONALITÉS.	NAVIRES À VOILES. Nombre des navires chargés.	sur lest.	total.	Tonnage.	NAVIRES À VAPEUR. Nombre des navires chargés.	sur lest.	total.	Tonnage.	RELÂCHEURS. Nombre.	Tonnage.	TOTAL des TROIS CATÉGORIES. Nombre.	Tonnage.
1860	Français..	161	177	338	27,463t	16	»	16	1,138t	»	»	563	48,571t
	Étrangers.	45	164	209	19,970	»	»	»	»	»	»		
1861	Français..	126	107	233	18,396	18	1	19	1,364	»	»	642	54,744
	Étrangers.	63	327	390	34,984	»	»	»	»	»	»		
1862	Français..	158	99	257	20,236	8	»	8	576	»	»	566	47,275
	Étrangers.	66	234	300	26,417	»	»	»	»	1	46t		
1863	Français..	145	71	216	16,194	»	»	»	»	1	27	517	42,043
	Étrangers.	133	167	300	25,822	»	»	»	»	»	»		
1864	Français..	144	101	245	19,233	»	»	»	»	»	»	435	38,713
	Étrangers.	49	141	190	19,480	»	»	»	»	»	»		
1865	Français..	155	104	259	20,145	»	»	»	»	»	»	548	47,175
	Étrangers.	87	202	289	27,030	»	»	»	»	»	»		
1866	Français..	162	93	255	20,085	2	»	2	206	1	»	513	48,458
	Étrangers.	95	161	256	28,167	»	»	»	»	»	»		
1867	Français..	126	76	202	15,015	»	»	»	»	»	»	427	38,985
	Étrangers.	70	154	224	23,765	1	»	1	206	»	»		
1868	Français..	107	63	170	12,820	»	»	»	»	»	»	434	41,658
	Étrangers.	80	184	264	28,838	»	»	»	»	»	»		
1869	Français..	127	106	233	18,490	»	»	»	»	1	»	477	48,925
	Étrangers.	71	172	243	30,435	»	»	»	»	»	»		

IMPORTATIONS ET EXPORTATIONS.

ANNÉES.	IMPORTATIONS		EXPORTATIONS	
	PROVENANT DE PORTS FRANÇAIS ET ÉTRANGERS.	RÉUNIES.	PROVENANT DE PORTS FRANÇAIS ET ÉTRANGERS.	RÉUNIES.
	kilogr.	kilogr.	kilogr.	kilogr.
1860	36,683,627	36,683,627	3,760,327	3,760,327
1861	37,038,168	37,038,168	3,090,805	3,090,805
1862	35,136,614	35,136,614	2,666,946	2,666,946
1863	31,736,528	31,736,528	5,888,920	5,888,920
1864	31,656,506	31,656,506	2,156,737	2,156,737
1865	36,255,487	36,255,487	4,955,980	4,955,980
1866	33,548,331	33,548,331	6,303,600	6,303.600
1867	35,812,437	35,812,437	6,402,580	6,402,580
1868	40,678,311	40,678,311	7,326,800	7,326,800
1869	45,858,933	45,858,933	4,102,101	4,102,101

DROITS DE DOUANE.

ANNÉES.	IMPORTATIONS.	EXPORTATIONS.	ACCESSOIRES.	NAVIGATION.	TAXE DES SELS.
	fr.	fr.	fr.	fr.	fr.
1860	102,856	4,107	595	32,493	138,175
1861	214,911	982	546	50,398	42,304
1862	354,911	15	445	37,547	113,287
1863	225,328	130	434	34,499	90,794
1864	21,890	4	381	45,398	11,185
1865	41,960	//	455	28,151	3,400
1866	40,709	//	415	20,090	5,050
1867	55,068	//	405	913	4,200
1868	18,070	//	423	679	4,705
1869	18,437	//	507	667	14,325

PORT D'ABBEVILLE.

CHAPITRE PREMIER.

RENSEIGNEMENTS GÉOGRAPHIQUES ET HYDROGRAPHIQUES.

Abbeville, chef-lieu d'arrondissement du département de la Somme, est situé par 50° 7′ 5″ de latitude N. et 0° 30′ 18″ de longitude O., à 43 kilomètres N. O. d'Amiens, à 158 kilomètres de Paris et à 20 kilomètres de la mer, par Saint-Valery.

La vallée de la Somme, dans laquelle Abbeville est bâtie, est bordée au S. O. par les escarpements de Caubert, dont le point culminant est à 77 mètres au-dessus des eaux de la rivière.

Le climat d'Abbeville est tempéré et pluvieux; il est sujet à de grandes variations de température. La température moyenne de l'été y est de 16 degrés, et celle de l'hiver de 3°,11. En moyenne, il y tombe par an $0^{m},697$ d'eau, et il y a, par année, 174 jours de pluie.

Les produits du pays consistent en fruits et légumes, chanvre, betteraves, céréales de toutes sortes.

La ville a pour industrie la fabrication des moquettes, du linge, de la toile, des cordages; on y voit, en outre, des savonneries, des teintureries, des scieries mécaniques et des carrosseries, dont les produits sont estimés.

Le commerce consiste principalement : à l'importation, en houille, bois du Nord, fontes, jutes, liquides, grains, chanvre, goudron, sels, résine, bois de teinture, laines, etc.; à l'exportation, en grains, fourrages, farine, bois bruts et ouvrés. On exploite, en grande quantité, la tourbe aux environs.

Le port d'Abbeville occupe le lit même de la Somme. Le fond est, en moyenne, à la cote $0^{m},60$ du nivellement général de la France. La nature du sol est de gravier et de tuf, recouverts presque toujours d'une couche de vase, qu'on enlève au moyen de dragages.

Il n'y a aucune écluse dans le port d'Abbeville. Le tirant d'eau y est soumis au jeu de l'écluse de Saint-Valery, située sur le canal maritime de la Somme, à 15 kilomètres en aval.

Le niveau de l'eau varie dans le port entre les cotes $4^{m},50$ et $3^{m},90$, qui correspondent au niveau des hautes mers de morte eau à Saint-Valery.

On peut abaisser les eaux jusqu'à la cote $2^{m},50$ et les relever jusqu'à la cote $5^{m},10$.

La largeur des navires qui peuvent arriver à Abbeville est limitée par celle du pertuis navigable de Saint-Valery, qui n'est que de $8^{m},60$. Le tirant d'eau de ces navires est fixé à $3^{m},40$, au maximum, par le règlement de police du canal.

Les navires à destination d'Abbeville, après avoir traversé la baie de Somme pour arriver au port de Saint-Valery, ont une navigation assez facile jusqu'à Abbeville, sauf quelques difficultés au passage du pont mobile de Sursomme et du pont tournant du chemin de fer d'Amiens à Boulogne. Ils sont presque toujours remorqués par des chevaux, quand le vent n'a pas à peu près la direction de l'axe du canal, auquel cas ils marchent quelquefois à la voile.

Les vents régnants à Abbeville sont les vents de la région de l'Ouest et du S. O.

Les monts de Caubert abritent un peu la ville des vents du Sud et du S. O. A l'Ouest, la vallée est ouverte par l'ancienne baie de Somme, qui laisse une libre circulation aux vents de mer. Les vents de l'Est ont un facile accès par les vallées du Scardon, de la Sautine et du Novion. Du côté du Nord, la ville est abritée par les hauteurs de la Justice, élevées de 57 mètres environ au-dessus des eaux de la Somme.

Le canal maritime d'Abbeville à Saint-Valery, ne communiquant pas directement à la mer, n'est point soumis aux courants de flot et de jusant.

La pente des eaux normales de ce canal, entre le port d'Abbeville et l'écluse de Saint-Valery, est de $0^m,32$.

CHAPITRE II.

HISTORIQUE.

L'histoire ne commence à parler d'Abbeville que vers le commencement du IXe siècle. A cette époque, c'était une petite île de la Somme, habitée par des pêcheurs, qui s'y étaient fortifiés avec des digues et des claies. Abbeville aurait ainsi commencé par être un petit port de refuge, un *hable*, dans le langage du pays. Ce serait à cette origine que, suivant les géographes Hondius et Mondevis, et les ingénieurs Girard et de Lamblardie, Abbeville devrait son nom (*hable ville*); suivant d'autres, le nom d'Abbeville viendrait d'*abbatis villa*, « ville de l'abbé, » à cause d'une villa de plaisance qu'y possédaient les abbés de Saint-Riquier.

Les premières fortifications d'Abbeville remontent à Charlemagne. En 992, Hugues Capet, pour préserver le port contre les invasions des Normands, en établit de nouvelles. Ce fut à cette époque que Giselle, fille de Hugues Capet, apporta Abbeville en dot à son mari, Hugues, comte de Ponthieu. Vers le milieu du XIIe siècle, Abbeville devint la capitale du Ponthieu et commença à prendre un grand développement. Les croisades arrivèrent, et, comme pour tant d'autres villes, le comte Guillaume II, avant son départ pour la Palestine, vendit en 1130 aux Abbevillois une charte communale, qui fut confirmée plus tard. Au milieu du XIIIe siècle, le port d'Abbeville était regardé comme l'un des premiers du royaume; il avait des relations avec toutes les parties de l'Europe maritime.

Les rois de France et d'Angleterre s'en disputèrent la possession; plus tard cette ville passa sous la domination des ducs de Bourgogne, et enfin redevint française en 1477, à la mort de Charles le Téméraire.

C'est en 1634 que fut ouvert, à travers la ville, le canal marchand, qui existait encore en 1869, et qui avait pour but de permettre aux bateaux de remonter vers Amiens. Avant la création de ce canal, la navigation ne se faisait que de la mer à Abbeville; plus haut, la Somme était barrée par des moulins. On déchargeait les marchandises dans le port, et on les transportait ensuite par terre à l'amont d'Abbeville, où des gribanes les reprenaient pour les remonter jusqu'à Amiens.

A la fin du règne de Henri IV, Abbeville avait 36,000 habitants; son commerce était florissant et employait une centaine de navires de 70 tonneaux. Après la mort de Louis XIII, les guerres avec les Espagnols, puis une peste qui décima la population, firent un peu déchoir Abbeville. Le règne de Louis XIV lui rendit son importance. En 1665, Colbert y fit venir la famille hollandaise des Van Robais, qui y créèrent une fabrique de draps fins, transformée aujourd'hui en manufacture de tapis.

Le canal marchand, construit en 1634, n'avait pas assez de profondeur. Le sieur Gabriel Chaudon proposa, en 1724, d'exécuter à ses frais un canal de grande navigation qui contournerait les murailles de la ville. Mais les négociants d'Abbeville et d'Amiens, trouvant ses conditions inacceptables, en revinrent au projet d'enlever les six moulins qui barraient le lit de la rivière, à l'endroit où l'on a construit, en 1862, un barrage à aiguilles, et d'approfondir le lit de la Somme de manière à y maintenir un tirant d'eau de 4 pieds $\frac{1}{2}$.

Les progrès rapides de l'ensablement de la baie de Somme ne permettaient plus aux gros navires de dépasser le port du Crotoy. Les négociants d'Abbeville, de Saint-Valery et d'Amiens réclamèrent l'exécution de travaux d'urgence. Un arrêt du roi, rendu le 18 octobre 1778, prescrivit des études pour l'exécution d'un canal à grand tirant d'eau depuis le village de Sursomme, près d'Abbeville, jusqu'à la falaise du Mollenel, à Saint-Valery. Les travaux, commencés en 1785, furent interrompus par la Révolution. Repris en 1803 par ordre de Napoléon Ier, arrêtés de nouveau en 1805, ils recommencèrent en 1810, mais furent suspendus à la chute de l'Empire.

Un décret du 28 avril 1810 prescrivait la canalisation de la Somme à l'amont d'Abbeville jusqu'à Ham. La loi du 5 août 1821 autorisa la compagnie Sartoris à avancer à l'État 6,600,000 francs pour l'achèvement du canal de la Somme, appelé alors *canal du duc d'Angoulême.* Elle fixait au 10 octobre 1827 l'ouverture de cette grande voie navigable. L'inauguration eut lieu en effet le 18 septembre de ladite année, mais le canal maritime proprement dit, entre Abbeville et Saint-Valery, ne fut terminé qu'en 1835.

Dès 1826, le commerce d'Abbeville avait réclamé la conservation de l'ancien lit de la Somme, afin de maintenir ses relations directes avec la mer. Une écluse, construite à Sursomme, malgré l'opposition des ingénieurs, fut complétement ensablée dans les premières grandes marées de 1835, après n'avoir donné passage qu'à un très-petit nombre de navires. Depuis cette époque, la navigation du port d'Abbeville se fait entièrement par le canal.

En 1871, il est entré dans le port d'Abbeville 197 navires, montés par 959 hommes d'équipage et d'un tonnage total de 15,320 tonnes; ce chiffre comprend 154 navires français et 43 navires étrangers. Le navire le plus fort portait 170 tonnes, et avait un tirant d'eau de 3^{m},35.

En 1872, il en est entré 210, montés par 749 hommes d'équipage et jaugeant 16,859 tonnes; dans ce nombre on compte 80 navires français et 130 navires étrangers. Le navire de plus fort tonnage portait 136 tonnes, et son tirant d'eau était de 3^{m},70.

L'étendue *intra muros* d'Abbeville est de 269 hectares 59 ares 55 centiares; avec les faubourgs, sa superficie s'élève à 2,372 hectares. Les fortifications modernes datent de Vauban; elles ont été successivement augmentées depuis; mais Abbeville a été déclassée comme place de guerre par décret du 26 juin 1867.

La population, d'après le recensement de 1871, est de 18,194 habitants.

CHAPITRE III.

DESCRIPTION DU PORT.

Le port d'Abbeville s'étend sur une longueur de 456 mètres en aval du pont Ledieu; il a une largeur de 27 à 28 mètres. Abrité à l'Ouest et à l'Est par les constructions voisines, il n'est ouvert qu'aux vents du Sud et du Nord, qui ne sont point les vents régnants.

L'unique ouvrage du port est un mur de quai en maçonnerie, avec une estacade de garde. Il occupe une longueur de 456 mètres sur la rive droite pour le stationnement des navires, et supporte une plate-forme d'une superficie de 3,298 mètres, destinée au mouvement des marchandises. Elle est occupée en partie par le chemin de fer, et est à peine suffisante pour la circulation des voitures.

Le mur de quai a été construit en vertu d'une décision ministérielle du 25 juillet 1839, et prolongé sur une longueur de $26^{m},50$ jusqu'aux fortifications, conformément à une décision ministérielle du 2 septembre 1844. Les travaux ont été exécutés de 1839 à 1845, et ont donné lieu à une dépense de 281,008 fr., dont un quart à la charge de la ville et les trois quarts au compte de l'État.

En 1852, un redressement partiel de la Somme en aval du port fut exécuté; le projet avait été approuvé par décision du 31 décembre 1851, et les travaux ont donné lieu à une dépense de 7,144 fr. 43 cent.

Depuis lors il n'a été exécuté, dans le port d'Abbeville, en dehors des travaux d'entretien, qu'un travail de dragage, dont le projet avait été approuvé par décision ministérielle du 28 juin 1856, et qui fut exécuté en 1862. Les dépenses se sont élevées à 5,000 francs.

CHAPITRE IV.

RENSEIGNEMENTS ÉCONOMIQUES ET COMMERCIAUX.

Le port d'Abbeville est fréquenté par des navires anglais, norwégiens, danois, allemands et russes, qui y apportent chaque année de la houille, des bois du Nord, des jutes, des grains, du chanvre, du goudron, de la résine; et par des navires français, qui y amènent des vins, des pommes, du sel, du coaltar, des grains et des bestiaux.

L'exportation consiste en pommes de terre, grains, légumes, fourrages, toiles et cordages, qu'on envoie en Angleterre ou aux ports du Havre et de Bordeaux.

La pêche n'est plus pratiquée à Abbeville depuis que la mer ne vient plus baigner les murs de cette ville.

Le port est relié au Nord de la France et à la Belgique par le canal de la Somme, et, par les canaux de Saint-Quentin, de l'Oise, de Saint-Denis et de Saint-Martin, à Paris et aux canaux du centre de la France.

Le chemin de fer d'Amiens à Boulogne met la ville en communication directe : avec Amiens et Paris, d'un côté; avec Boulogne, de l'autre. Une ligne ferrée, actuellement à l'étude, doit rattacher Abbeville à Lille et au Havre.

Les routes nationales n° 1, de Paris à Calais; n° 25, du Havre à Lille; n° 28, de Rouen à Saint-Omer; n° 35, de Compiègne à Abbeville, et divers chemins de grande communication mettent Abbeville en rapport avec les principales localités du département et des départements voisins.

BIBLIOGRAPHIE.

Entrée de la reine Marie, femme de Louis XII, à Abbeville, l'an 1514. (Recueil sous le n° 10898, bibliothèque Mazarine.)

Sanson Britania, ou Recherches sur l'antiquité d'Abbeville. In-8°, 1636.

Description de la province de Picardie, par Juan de Moret. Cambrai, 1640, in-4°.

Description de la province de Picardie, par N. de Cordova. Amsterdam, in-12.

Ces deux ouvrages sont écrits en espagnol.

Description de la ville d'Abbeville. Amsterdam, 1643.

Histoire ecclésiastique de la ville d'Abbeville et de l'archidiaconé du Ponthieu ou diocèse d'Amiens. Paris, 1646, in-4°.

Les véritables antiquités d'Abbeville opposées à la fausse Bretagne de Sanson (tableaux méthodiques de la géographie royale, p. 26, in-folio), par Ph. Labbé. 1646.

Ce qui s'est passé en Picardie depuis l'entrée des Espagnols en France jusqu'à leur retraite, etc. Paris, 1653, in-4°.

Histoire généalogique des comtes de Ponthieu et des maïeurs d'Abbeville, par frère Ignace de Jésus-Maria. In-folio, 1657.

Dissertation sur l'étendue du *Belgium* et sur l'ancienne Picardie, par l'abbé Carlier. Amiens, 1753, in-12.

Observations sur Abbeville et le comté de Ponthieu. (Journal de Verdun, septembre 1759, p. 185.)

Almanach historique et géographique de la Picardie, de 1753 à 1790, donnant des notices sur les villes et bourgs principaux. Amiens.

Histoire du comté de Ponthieu, de Montreuil et de la ville d'Abbeville, avec la notice de leurs hommes dignes de mémoire. Abbeville, Devérité, 2 vol. in-12, 1767.

Mémoires historiques sur la Picardie, par de Belloy. Paris, 1770, in-8°.

Essai sur l'histoire de Picardie jusqu'au règne de Louis XIV, par Devérité. Abbeville, 1770, 2 vol. in-12.

Supplément à l'ouvrage précédent. Abbeville, 1774, in-12.

Résumé de l'histoire de Picardie, par P. Lami. Paris, 1826, in-12.

Précis de l'histoire de Flandre, d'Artois et de Picardie, par Rayon et Fabre d'Olivet. Paris, in-18.

Histoire ancienne et moderne d'Abbeville et de son arrondissement. Abbeville, 1834-1835, in-8°.

Lettres et bulletins des armées de Louis XI aux officiers municipaux d'Abbeville, par F. E. Louandre. Abbeville, 1837, in-8°.

Essai sur l'origine des villes de Picardie, par Labourt. Amiens, 1840.

Archives de Picardie, publiées sous la direction de MM. H. Dusevel, de la Fons, etc. Amiens, 2 vol. in-8°, 1841.

Archives historiques et ecclésiastiques de la Picardie et de l'Artois, par P. Roger. Amiens, 1842, 2 vol. in-8°.

Bibliothèque historique, monumentale, ecclésiastique et littéraire de la Picardie et de l'Artois, par P. Roger. Amiens, 1844, in-8°.

Introduction à l'histoire générale de la province de Picardie, par dom Grenier. Amiens, 1844, in-4°.

Recherches statistiques sur la population et l'industrie d'Abbeville, par Briez et Paillart. Abbeville, 1846, in-8°.

Notice sur les rues d'Abbeville, par E. Prarond. Abbeville, 1849, in-12.

Les maïeurs et les maires d'Abbeville de 1184 à 1848, par Louandre. Abbeville, 1851.

Notices historiques, topographiques et archéologiques sur l'arrondissement d'Abbeville, par E. Prarond. Abbeville, 1854.

Géographie historique et populaire de l'arrondissement d'Abbeville, par Florentin Lefils. Abbeville, 1868.

Mémoire pour les maïeurs, échevins, etc. d'Abbeville, opposants à l'arrêt du Conseil d'État du 22 février 1741. — Traité de la navigation par le canal marchand.

Au Roi et à nos seigneurs du Conseil. Paris, 1747. Requête contre le projet de rétablissement de la navigation de la Somme à Abbeville.

Au Roi et à nos seigneurs du Conseil. Paris, 1748. Requête contre le projet de rétablissement de la navigation de la Somme à Abbeville.

Passage du canal du duc d'Angoulême à Abbeville. Paris, Gœtscheg, in-4°.

Mémoires d'U. Sartoris sur le passage du canal du duc d'Angoulême à Abbeville.

Canal du duc d'Angoulême. Résumé des observations présentées à l'administration des ponts et chaussées par la Chambre de commerce d'Amiens. Amiens, 1826, in-4°.

Observations du commerce d'Abbeville sur le canal du duc d'Angoulême. Devérité, Abbeville, 1829, in-4°.

RENSEIGNEMENTS GÉNÉRAUX.

ENTRÉES.

Nota. — Le port d'Abbeville n'a pas reçu de navires à vapeur ni de relâcheurs pendant la période décennale de 1860 à 1870. — Les nombres en regard de 1860 indiquent les entrées pour le 2e semestre seulement de l'année.

ANNÉES.	NATIONALITÉS.	NAVIRES À VOILES.				TOTAL.	
		NOMBRE DE NAVIRES			TONNAGE.	NOMBRE.	TONNAGE.
		CHARGÉS.	SUR LEST.	TOTAL.			
1860	Français	65	1	66	4,943t	87	6,674t
	Étrangers	21	//	21	1,731		
1861	Français	93	1	94	7,291	157	12,317
	Étrangers	63	//	63	5,026		
1862	Français	101	6	107	7,880	143	8,893
	Étrangers	23	13	36	1,013		
1863	Français	68	6	74	4,947	134	9,886
	Étrangers	30	30	60	4,939		
1864	Français	86	2	88	5,780	148	10,719
	Étrangers	30	30	60	4,939		
1865	Français	104	3	107	10,318	157	14,769
	Étrangers	29	21	50	4,451		
1866	Français	97	10	107	8,151	158	13,423
	Étrangers	35	16	51	5,272		
1867	Français	71	12	83	5,738	101	7,467
	Étrangers	14	4	18	1,729		
1868	Français	73	2	75	5,579	102	8,959
	Étrangers	22	15	37	3,380		
1869	Français	95	2	97	7,197	133	10,992
	Étrangers	21	15	36	3,795		

SORTIES.

NOTA. — Le port d'Abbeville n'a pas expédié de navires à vapeur ni de relâcheurs pendant la période décennale de 1860 à 1870. — Les nombres en regard de 1860 indiquent les sorties pour le 2e semestre seulement de l'année.

ANNÉES.	NATIONALITÉS.	NAVIRES À VOILES. Nombre de navires chargés.	Sur lest.	Total.	Tonnage.	TOTAL. Nombre.	Tonnage.
1860	Français	23	42	65	4,876t	85	6,556t
	Étrangers	//	20	20	1,680		
1861	Français	52	44	96	7,274	154	12,206
	Étrangers	//	58	58	4,932		
1862	Français	58	47	105	8,063	148	11,950
	Étrangers	13	30	43	3,887		
1863	Français	52	20	72	4,728	167	9,696
	Étrangers	42	53	95	4,968		
1864	Français	43	46	89	5,983	111	8,479
	Étrangers	1	21	22	2,496		
1865	Français	33	63	96	7,035	146	11,391
	Étrangers	22	28	50	4,356		
1866	Français	45	69	114	7,756	162	12,742
	Étrangers	23	25	48	4,986		
1867	Français	40	41	81	5,634	100	7,448
	Étrangers	5	14	19	1,814		
1868	Français	25	49	74	5,515	116	8,677
	Étrangers	25	17	42	3,162		
1869	Français	24	74	98	7,223	134	10,266
	Étrangers	19	17	36	3,043		

IMPORTATIONS ET EXPORTATIONS.

ANNÉES.	IMPORTATIONS PROVENANT DE PORTS FRANÇAIS ET ÉTRANGERS (en tonnes de 1,000 k.).	EXPORTATIONS PROVENANT DE PORTS FRANÇAIS ET ÉTRANGERS (en tonnes de 1,000 k.).	OBSERVATIONS.
	tonnes.	tonnes.	
1860	//	//	Les archives de ces deux années n'existent plus.
1861	//	//	
1862	7,373	1,066	
1863	5,129	4,486	
1864	5,999	439	
1865	7,085	2,842	
1866	8,184	4,469	
1867	3,930	1,000	
1868	5,953	2,990	
1869	6,261	2,245	

DROITS DE DOUANE.

ANNÉES.	IMPORTATIONS.	EXPORTATIONS.	ACCESSOIRES.	NAVIGATION.	TAXE DES SELS.
	fr.	fr.	fr.	fr.	fr.
1860	312,588	//	408	10,263	248,533
1861	190,060	//	313	11,935	179,889
1862	161,129	//	272	10,377	185,834
1863	208,933	//	275	6,749	129,336
1864	192,483	//	259	9,644	193,330
1865	194,369	//	265	3,588	225,447
1866	209,852	//	328	4,534	239,444
1867	133,623	//	237	322	217,209
1868	51,379	//	155	92	200,078
1869	50,340	//	148	169	188,426

PORT DU HOURDEL.

CHAPITRE PREMIER.

RENSEIGNEMENTS GÉOGRAPHIQUES ET HYDROGRAPHIQUES.

Le Hourdel est situé à 0° 46′ 15″ de longitude Ouest et à 50° 12′ 55″ de latitude Nord. C'est une localité peu importante du département de la Somme et de l'arrondissement d'Abbeville, à une distance de 10 kilomètres de Saint-Valery, son chef-lieu de canton, à 30 kilomètres d'Abbeville et à 75 kilomètres du chef-lieu du département.

Le village est bâti sur la pointe formée par les galets que la mer arrache aux falaises de Normandie et qu'elle roule le long de la côte.

Le pays est plat et exposé à tous les vents.

Le climat est froid et pluvieux; la température y change fréquemment.

Les environs du Hourdel sont trop arides pour que la végétation y soit possible, mais les terrains situés au fond de l'anse et abrités par la côte sont très-fertiles.

La seule industrie qu'on trouve au Hourdel est la pêche.

Le fond du port est assez régulier; il se trouve à l'ordonnée $1^m,30$ du nivellement général de la France. Il est formé de galets, recouverts assez souvent d'une couche de sable plus ou moins épaisse.

Un petit chenal, dont la largeur est, en moyenne, de 15 mètres, et dont la longueur varie selon que le chenal de Saint-Valery s'approche plus ou moins du Hourdel, se jette, tantôt dans la passe du Sud, tantôt dans la passe de l'Ouest.

Il est entretenu par des chasses faites à l'aide d'un bassin de retenue.

Ce chenal n'est pas balisé, en raison de sa faible importance; deux tonnes en fer indiquent seulement l'entrée du port du Hourdel.

Il existe en outre, à l'extrémité de la pointe, un feu de marée, qui est allumé la nuit tout le temps qu'il y a au moins 2 mètres d'eau dans le port.

Un mât de signaux indique de même la hauteur de l'eau de 50 en 50 centimètres dans les marées de jour.

Le feu de marée est muni d'une cloche pour les signaux à faire en temps de brume.

Quand les navires ont reconnu la baie de Somme en plein jour, soit au moyen des hautes terres de Boulogne, soit par les phares de la Canche et celui de Cayeux, ils reconnaissent le Hourdel par son feu de marée et son mât de signaux.

S'ils arrivent de nuit, ils distinguent d'abord le phare de Cayeux à droite, puis le feu de marée du Hourdel, entre le phare et le feu du Crotoy.

Les vents régnants au Hourdel sont ceux de l'Ouest et du S. O. comme à Saint-Valery.

Les premiers soufflent, en moyenne, 78 jours par an, et les seconds 62 jours.

Le tableau suivant indique la fréquence relative des vents pendant les quatre saisons de l'année.

DIRECTION DES VENTS.	PRINTEMPS.	ÉTÉ.	AUTOMNE.	HIVER.	TOTAUX.
Nord	8	6	6	9	29
Nord-Est	8	10	9	9	36
Est	6	9	12	12	39
Sud-Est	10	6	12	11	39
Sud	9	6	9	12	36
Sud-Ouest	12	18	18	14	62
Ouest	23	26	14	15	78
Nord-Ouest	15	11	11	9	46
TOTAUX	91	92	91	91	365

Les vents les plus dangereux pour la navigation, au Hourdel comme dans toute la baie, sont les vents d'Ouest. Les vents contraires pour entrer dans le port sont les vents du S. O.; les vents debout pour en sortir sont ceux du N. E.

La direction des courants de flot, au large du Hourdel, est S. E. 20° E.; celle des courants de jusant, N. O. 30° O.

La vitesse du flot en vive eau est de 1^{m},71 par seconde, et en morte eau de 0^{m},84.

La vitesse du jusant est de 1^{m},57 en vive eau, et de 0^{m},68 en morte eau.

L'étale des courants se fait environ une demi-heure avant la mi-marée.

Les marées du Hourdel retardent de 25 minutes sur celles de Dieppe. Elles sont en avance de 15 minutes sur Saint-Valery.

Le flux a une durée de 3 heures en vive eau et de 3 heures 50 minutes en morte eau.

Le reflux dure 6 heures en vive eau et 6 heures en morte eau.

L'étale de mer haute est d'environ 15 minutes.

Les deux courbes de la page suivante indiquent le mouvement progressif de la marée de 15 en 15 minutes, en vive eau et en morte eau.

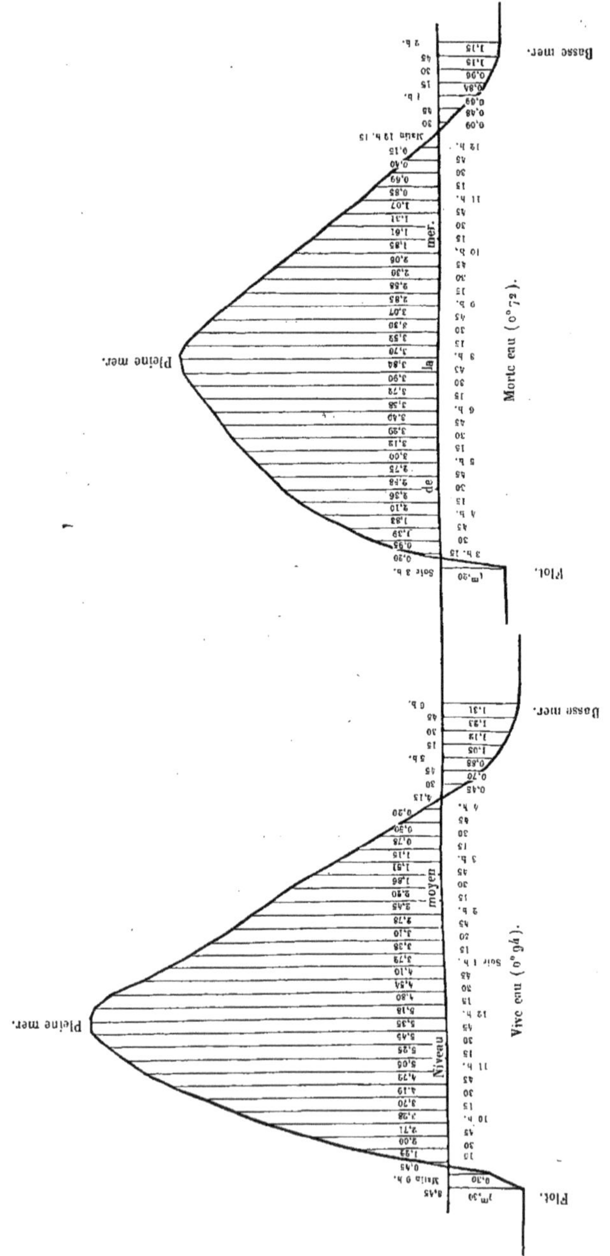
Basse mer.
Pleine mer.
Flot.
Niveau moyen de la mer.
Morte eau (0°72).
Basse mer.
Pleine mer.
Flot.
Vive eau (0°94).

Le tableau suivant donne les ordonnées des hautes et des basses mers par rapport aux quatre plans de comparaison les plus usités.

DÉSIGNATIONS.	NIVELLEMENT GÉNÉRAL de la France.	NIVELLEMENT GÉNÉRAL de la baie de Somme.	PLAN DE COMPARAISON correspondant au niveau moyen des basses mers de vive eau.	PLAN DE COMPARAISON des cartes hydrographiques de l'Annuaire de Chazallon.
Niveau maximum des hautes mers de vive eau ordinaires...........	6,70	16,70	10,70	11,40
Niveau moyen des hautes mers de vive eau ordinaires...........	5,55	15,55	9,55	10,25
Niveau minimum des hautes mers de vive eau ordinaires...........	4,90	14,90	8,90	9,60
Niveau maximum des hautes mers de morte eau.................	3,80	13,80	7,80	8,50
Niveau moyen des hautes mers de morte eau..................	3,00	13,00	7,00	7,70
Niveau minimum des hautes mers de morte eau..................	2,10	12,10	6,10	6,80
Niveau des basses eaux ordinaires..	1,30	8,70	2,70	3,40

Le fond du bassin de retenue s'envase assez rapidement; sa capacité n'est aujourd'hui que de 27,500 mètres cubes. La pointe en galets qui forme la jetée du Nord ne grandit pas en ce moment, mais celle qui est connue sous le nom de *grosse pointe* s'avance d'une manière très-rapide, en élargissant la digue naturelle, et ne tardera pas à rejoindre la pointe du Hourdel. Toutefois, des épis construits sur le talus, et nouvellement complétés, arrêtent la marche du galet d'une manière satisfaisante.

CHAPITRE II.

HISTORIQUE.

Le Hourdel actuel est de construction récente. L'ancien Hourdel est un hameau situé à 3 kilomètres au Sud : c'est là que s'arrêtait, au temps de Louis XIV, la pointe en galets qui s'est successivement avancée depuis les falaises d'Ault jusqu'à la position qu'elle occupe aujourd'hui. A une époque reculée, la Somme coulait le long des falaises qui joignent Saint-Valery à Ault. Tout l'espace triangulaire compris entre cette ligne et le Hourdel est un terrain d'alluvion, formé peu à peu des galets apportés par la mer. Il est au-dessous du niveau des hautes mers, et est protégé, du côté de la mer, par un bourrelet naturel en galets. Un peu au-dessous de Cayeux, ce cordon littoral a emprisonné une portion du lit de la Somme, et en a fait une sorte d'étang, qui a longtemps communiqué avec la mer et qui a servi de port de refuge aux bateaux de pêche de Cayeux. De là le nom de *hable d'Ault.* Mais le chenal d'entrée s'étant à la longue obstrué, les habitants des villages des Bas Champs obtinrent de la généralité de Picardie l'autorisation de le fermer complétement, pour soustraire leurs terres aux ravages que la mer y faisait dans les mauvais temps.

Les bateaux de pêche trouvaient un refuge à l'abri de la pointe du Hourdel. Les grands navires eux-mêmes se servaient quelquefois de cet abri, et venaient y relâcher dans les mauvais temps. Au XVIe siècle, le port du Hourdel était en très-bon état et recevait beaucoup de navires. On pouvait y entrer à haute et à basse mer. Depuis, la pointe du Hourdel s'est constamment avancée vers l'Ouest, et le port a dû se déplacer avec elle. C'est en 1833 que, dans l'emplacement qu'il occupe aujourd'hui, on a construit un quai en charpente et une digue en galets pour l'abriter.

La pointe n'a plus, dès lors, sensiblement avancé. Mais le port s'est envasé, et son entrée est devenue plus difficile. Ces circonstances, jointes à la facilité que les navires ont d'aller de la mer à Saint-Valery en une seule marée, font que le Hourdel ne reçoit plus que très-rarement des navires en relâche. Il ne sert que de port de refuge pour les bateaux de pêche.

L'envasement du port et de son chenal tient à deux causes. Autrefois le flot, après avoir doublé la pointe du Hourdel, retombait dans l'anse comprise entre cette pointe et le cap Hornu, et y produisait une sorte de courant de verhaule, qui rentrait par le fond du port du Hourdel et balayait la vase. La construction de la jetée basse de rive gauche du chenal de Saint-Valery a fixé le chenal et fait disparaître ce courant. Le port n'a plus pour se dévaser que les eaux de chasse d'un petit bassin dont les dimensions sont tout à fait insuffisantes. D'un autre côté, le chenal de Saint-Valery, qui, au jusant, suit la jetée basse tant qu'elle reste concave, mais qui s'en écarte à partir de l'endroit où elle devient convexe, s'est éloigné de la pointe du Hourdel. Il en résulte des remous et des dépôts de sable qui ont obstrué le chenal du Hourdel, et ont barré la passe du Sud. Cet état de choses s'est un peu amélioré depuis 1870.

La population actuelle du Hourdel est de 72 habitants.

CHAPITRE III.

DESCRIPTION DU PORT.

Le port du Hourdel est un bassin d'échouage de 350 mètres de longueur sur 60 mètres de largeur; un quai en charpente de 103 mètres de longueur est accolé à la rive gauche de ce port. A la suite du quai il existe une jetée naturelle en galets, qui retourne sur elle-même pour former la pointe sur laquelle est bâti le feu de marée. La rive droite est limitée par une digue insubmersible, dite jetée du Sud, construite en sable et galets et consolidée par des clayonnages. Cette jetée a une longueur de 320 mètres. Elle est reliée à la plate-forme du port par un barrage à aiguilles, qui permet de modérer la vitesse des eaux de jusant à travers le port, de manière à ne pas nuire à l'amarrage des embarcations.

L'estacade du quai et le plateau sur lequel les maisons sont assises sont, en moyenne, à l'ordonnée $7^{m},70$. Les constructions abritent le port du Hourdel contre les vents de tempête.

Il n'y a au Hourdel ni chantier de construction, ni gril de radoub.

Il existe dans le fond du port du Hourdel une ancienne crique, dont on a fait un bassin de retenue pour les chasses. Sa longueur est de 410 mètres, et sa largeur de 40 mètres. Le fond est à l'ordonnée $3^{m},60$ du nivellement général de la France, et les marées moyennes de vive eau s'y élèvent à la cote $5^{m},60$.

Le volume d'eau retenu dans ce bassin est de 40,000 mètres cubes, quand il a sa profondeur normale.

L'orifice des chasses se compose de deux vannes verticales présentant une largeur de $1^{m},80$ et une hauteur de $1^{m},34$ au-dessus du seuil, qui est à la cote $2^{m},14$.

Le port du Hourdel est encore entretenu par les eaux de dessèchement des bas champs de la Somme, qui viennent s'y jeter, et enfin par le jusant de la baie, dont une partie tombe dans le fond du port.

Le port actuel n'existe que depuis une quarantaine d'années. La position exceptionnelle de la pointe et de l'anse qu'elle abrite avait suggéré aux ingénieurs la pensée d'y établir un port de refuge, qui aurait été d'une grande utilité pour la navigation. L'idée a été appréciée par l'Administration, et les travaux proposés ont été approuvés par décision ministérielle du 5 octobre 1830.

Le projet comprenait le creusement d'un bassin de chasses, de 60 mètres de largeur sur 200 mètres de longueur, dans une crique située entre l'ancienne pointe du Hourdel, telle qu'elle existait en 1780, et la nouvelle pointe formée au large de cette dernière. Le plafond du bassin a été creusé à une profondeur de $6^{m},25$ au-dessous du niveau des marées moyennes de vive eau, ou à $3^{m},65$ au-dessous des marées moyennes de morte eau.

Les déblais en galets provenant du creusement furent employés à former la digue du Sud, élevée au niveau des plus hautes mers, et à régulariser le talus de la grosse pointe formant la digue du Nord.

L'ensemble de ces travaux a été exécuté de 1830 à 1834.

La dépense s'est élevée à la somme de 44,565 fr. 20 cent.

En 1833, les ingénieurs ont présenté un projet, montant à 39,500 francs, pour l'amélioration du port; il comprenait : 1° le prolongement et l'approfondissement du port; 2° la pose de bouées de touage, de corps morts et de pieux d'amarrage; 3° enfin la construction d'une estacade à claire-voie, pour servir de mur de quai.

Ce projet a été approuvé par décision ministérielle du 15 juin 1833, sauf la construction de l'estacade, qui a été ajournée. La dépense s'est élevée à 29,000 francs.

Le prolongement et l'approfondissement du port ont rendu d'excellents services à la navigation, en abritant le port et en en permettant l'entrée aux navires du plus fort tonnage. La pose de bouées de touage et de corps morts a facilité l'amarrage des navires. Ces ouvrages étaient d'une absolue nécessité.

On voyait au fond du port du Hourdel une ouverture naturelle, qu'on avait eu soin de conserver, et par laquelle passait, à marée descendante, une partie des eaux de l'anse s'étendant entre le Hourdel et le cap Hornu. Cette ouverture s'étant agrandie, l'effet des chasses était devenu trop énergique. Le fond du port était bouleversé et la posée y était dangereuse. Les navires se maintenaient d'ailleurs difficilement le long de la digue du Nord.

Pour remédier à tous ces inconvénients, on a proposé d'établir en travers de cette ouverture un barrage à aiguilles, qui permette de modérer la violence des effets du jusant et de le régler à volonté.

Seulement, cette mesure devant avoir pour effet de favoriser des envasements dans le port et dans le chenal d'entrée, on jugea utile d'avoir une écluse de chasse alimentée par un bassin de retenue. L'écluse a été construite en charpente, et on a utilisé pour le bassin une ancienne crique, située à l'Ouest du port.

L'exécution de l'ensemble de ces travaux, autorisée par l'administration supérieure le 25 août 1837, a donné lieu à une dépense totale de 60,404 fr. 73 cent. Pendant longtemps ces mesures ont réussi, avec les effets naturels du jusant, à entretenir la profondeur du port et du chenal. Mais l'amoindrissement considérable des effets du jusant, par suite de l'exhaussement de l'anse de rive gauche, et l'éloignement du chenal de la Somme de l'entrée du port du Hourdel ont sensiblement atténué les améliorations qu'elles devaient réaliser.

L'estacade à claire-voie, dont l'exécution avait été ajournée par la décision du 15 juin 1833, a fait l'objet d'un nouveau projet présenté en 1840, et montant à 80,000 francs. L'exécution en a été autorisée par décision du 4 août 1840. Les travaux ont été terminés en 1844, et la dépense a atteint le chiffre de 85,073 francs.

Cette estacade, dont la longueur est de 103 mètres, permet

l'accostage des navires. Elle facilite aussi leur amarrage et les opérations de chargement et de déchargement.

Divers travaux d'une moindre importance ont encore été exécutés depuis cette époque pour l'amélioration du port, notamment la transformation de l'estacade en quai proprement dit et la construction d'épis pour maintenir le talus de la jetée du Nord et arrêter la marche du galet.

Il a été présenté en 1871 un projet pour la reconstruction de l'estacade, qui tombait en ruine. Ce projet a été approuvé par décision ministérielle du 27 novembre 1871. La dépense s'élève à 40,000 francs. Les travaux ont été commencés en 1873.

CHAPITRE IV.

RENSEIGNEMENTS COMMERCIAUX.

La navigation commerciale du Hourdel est peu importante. Il entre en moyenne dans ce port 7 ou 8 navires sur lest, qui chargent du silex; ce sont, en général, des navires anglais.

L'importation est nulle.

Le Hourdel est essentiellement un port de refuge, tant pour les navires que pour les bateaux de pêche de Cayeux.

Aussi, la pêche, si l'on ne considère surtout que celle qui est pratiquée par les marins du Hourdel, est-elle peu importante : on compte à peine 14 petits bateaux, jaugeant ensemble 30 tonnes et montés par 28 hommes d'équipage, qui font la pêche dans les passes du large; le produit atteint tout au plus 84 tonnes et 15,000 francs.

Mais 38 grands bateaux de Cayeux, pontés, et 34 non pontés, jaugeant ensemble 1,632 tonneaux et montés par 597 hommes, se réfugient dans le port du Hourdel, après avoir déposé le produit de leur pêche dans les ports voisins.

Le produit peut en être évalué à 975 tonnes, représentant une valeur de 512,500 francs.

Il entre en moyenne en relâche au Hourdel, pour attendre la marée, de 5 à 12 navires, et, pour cause de mauvais temps, 7 ou 8. Ce nombre était beaucoup plus considérable autrefois; il a diminué par suite des travaux qui ont amélioré le chenal de Saint-Valery.

Le Hourdel est relié directement à Saint-Valery, son chef-lieu de canton, par la route départementale n° 4, qui passe à Abbeville. Sur cette route s'embranche, à environ 7 kilomètres du Hourdel, la route départementale de Saint-Valery à Eu. La station de chemin de fer la plus voisine est celle de Saint-Valery.

RENSEIGNEMENTS GÉNÉRAUX.

MARÉES.

Heure de l'établissement du port.................................. $11^h 33^m$
Unité de hauteur.. $5^m,72$ [1]
Durée de l'étale.. 15 minutes.

HAUTEUR, PAR RAPPORT AU ZÉRO DES CARTES MARINES, DU NIVEAU MOYEN

Des pleines mers de vive eau ordinaires........................... $10^m,25$
Des pleines mers de morte eau ordinaires.......................... 7 ,70

SUPERFICIE AFFECTÉE AU SÉJOUR DES NAVIRES.

Port d'échouage... $21,000^{mq}$

LONGUEUR TOTALE DES QUAIS

Du port d'échouage.. 103^m

SUPERFICIE TOTALE DES TERRE-PLEINS DES QUAIS

Du port d'échouage.. $5,150^{mq}$

BASSIN DES CHASSES.

Superficie.. $16,400^{mq}$
Contenance en pleine mer de vive eau ordinaire.................... $32,800^{mc}$

Dépenses totales de premier établissement au 1er janvier 1873............ $178,912^f\ 37^c$

[1] Les basses eaux du fond du port sont $4^m,13$ au-dessus de celles du large.

ENTRÉES.

Nota. — Le port du Hourdel n'a pas reçu de navires à vapeur pendant la période décennale de 1860 à 1870.

ANNÉES.	NATIONALITÉS.	NAVIRES À VOILES.				RELÂCHEURS.		TOTAL des DEUX CATÉGORIES.	
		NOMBRE DE NAVIRES			TONNAGE.	NOMBRE.	TONNAGE.	NOMBRE.	TONNAGE.
		CHARGÉS.	SUR LEST.	TOTAL.					
1860	Français	4	//	4	607t	26	2,149t	54	5,633t
	Étrangers	4	//	4	528	20	2,349		
1861	Français	//	1	1	25	31	2,232	95	6,712
	Étrangers	1	16	17	1,400	46	3,055		
1862	Français	//	1	1	79	30	2,356	108	8,312
	Étrangers	4	15	19	1,796	58	4,081		
1863	Français	//	//	//	//	23	1,422	58	3,873
	Étrangers	//	6	6	400	29	2,051		
1864	Français	//	//	//	//	18	1,320	40	2,908
	Étrangers	1	3	4	287	18	1,301		
1865	Français	//	//	//	//	17	1,051	51	3,448
	Étrangers	//	9	9	778	25	1,619		
1866	Français	//	//	//	//	3	315	15	1,320
	Étrangers	//	6	6	556	6	449		
1867	Français	//	//	//	//	6	307	20	1,330
	Étrangers	//	6	6	507	8	516		
1868	Français	//	//	//	//	5	323	16	1,228
	Étrangers	//	5	5	517	6	388		
1869	Français	//	//	//	//	5	259	13	771
	Étrangers	//	4	4	279	4	233		

SORTIES.

Nota. — Le port du Hourdel n'a pas expédié de navires à vapeur pendant la période décennale de 1860 à 1870.

ANNÉES.	NATIONALITÉS.	NAVIRES À VOILES. Nombre de navires chargés.	Sur lest.	Total.	Tonnage.	RELÂCHEURS. Nombre.	Tonnage.	TOTAL des deux catégories. Nombre.	Tonnage.
1860	Français	//	4	4	607t	26	2,149t	54	5,633t
	Étrangers	//	4	4	528	20	2,349		
1861	Français	1	//	1	25	31	2,232	95	6,712
	Étrangers	16	1	17	1,400	46	3,055		
1862	Français	1	//	1	70	30	2,356	108	8,312
	Étrangers	15	4	19	1,796	58	4,081		
1863	Français	//	//	//	//	23	1,422	58	3,873
	Étrangers	6	//	6	400	29	2,051		
1864	Français	//	//	//	//	18	1,320	40	2,908
	Étrangers	3	1	4	287	18	1,301		
1865	Français	//	//	//	//	17	1,051	51	3,448
	Étrangers	9	//	9	778	25	1,619		
1866	Français	//	//	//	//	3	315	15	1,320
	Étrangers	6	//	6	556	6	449		
1867	Français	//	//	//	//	6	307	20	1,330
	Étrangers	6	//	6	507	8	516		
1868	Français	//	//	//	//	5	323	16	1,228
	Étrangers	5	//	5	517	6	388		
1869	Français	//	//	//	//	5	259	13	771
	Étrangers	4	//	4	279	4	233		

IMPORTATIONS ET EXPORTATIONS.

ANNÉES.	IMPORTATIONS PROVENANT DE PORTS FRANÇAIS ET ÉTRANGERS.	EXPORTATIONS PROVENANT DE PORTS FRANÇAIS ET ÉTRANGERS.
	kilogr.	kilogr.
1860	2,471,677	356,125
1861	734,318	2,376,355
1862	1,246,576	2,333,155
1863	107,657	609,475
1864	183,627	1,085,900
1865	328,392	1,469,206
1866	//	866,043
1867	150,750	640,200
1868	462	601,454
1869	650	400,300

DROITS DE DOUANE.

ANNÉES.	IMPORTATIONS.	EXPORTATIONS.	ACCESSOIRES.	NAVIGATION.	TAXE DES SELS.
	fr. c.	fr. c.	fr. c.	fr. c.	fr.
1860	1,586 76	29 82	74 65	6,302 80	//
1861	884 03	0 33	40 56	1,217 94	//
1862	1,013 03	13 13	62 40	2,518 06	//
1863	190 98	4 87	72 31	190 50	//
1864	321 83	//	66 72	260 21	//
1865	87 28	//	82 62	423 13	//
1866	//	//	65 57	143 91	//
1867	185 68	//	52 80	132 78	//
1868	55 96	//	66 24	147 45	//
1869	0 55	[illegible]	61 27	165 07	//

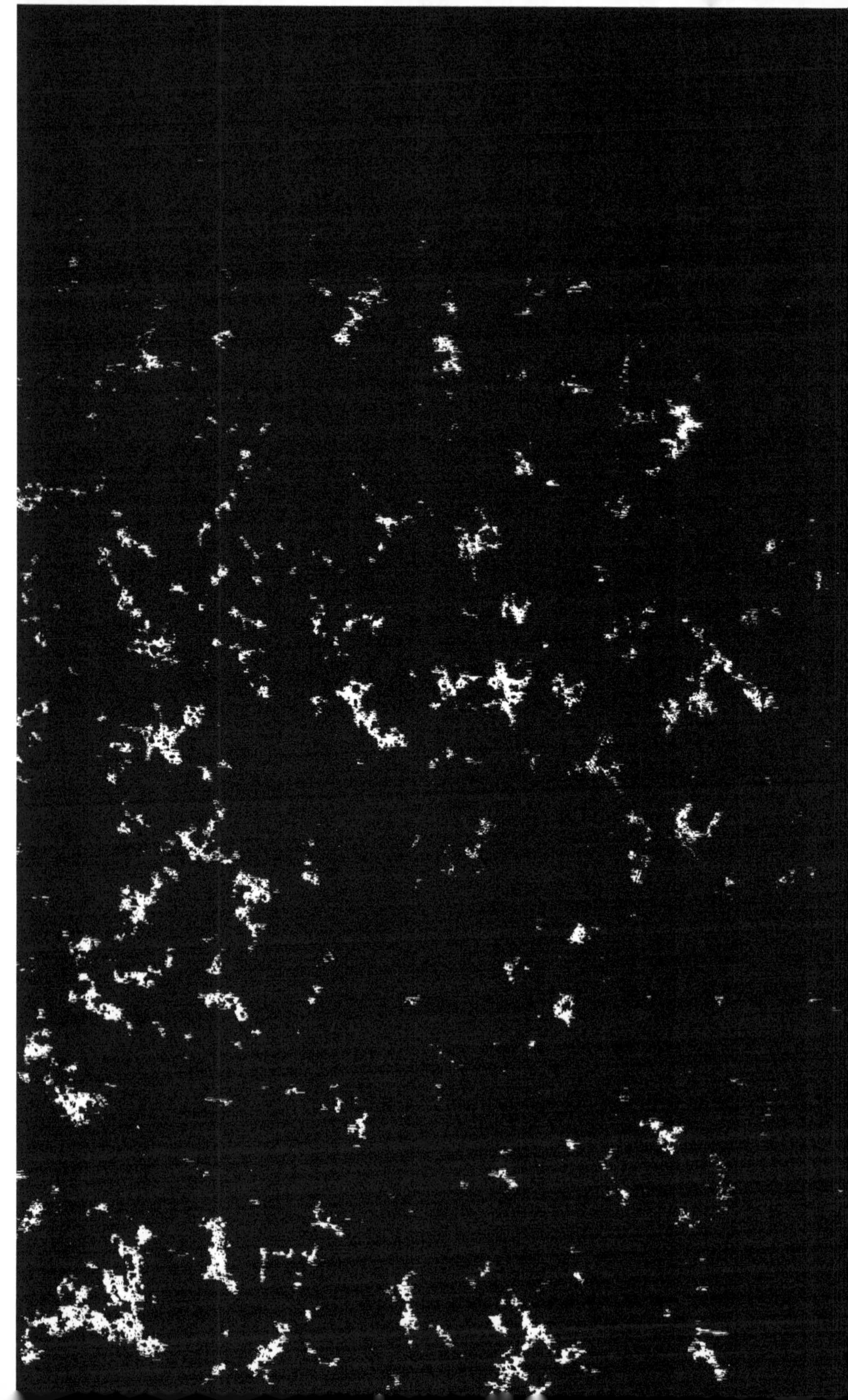

www.ingramcontent.com/pod-product-compliance
Ingram Content Group UK Ltd.
Pitfield, Milton Keynes, MK11 3LW, UK
UKHW022123190726
13855UKWH00003B/1022

9 782012 92516